室内设计师.**72**
INTERIOR DESIGNER

编委会主任　崔愷
编委会副主任　胡永旭

学术顾问　周家斌

编委会委员
王明贤　王琼　王澍　叶铮　吕品晶　刘家琨　吴长福
余平　沈立东　沈雷　汤桦　张雷　孟建民　陈耀光　郑曙旸
姜峰　赵毓玲　钱强　高超一　崔华峰　登琨艳　谢江

海外编委
方海　方振宁　陆宇星　周静敏　黄晓江

主编　徐纺
副主编　徐明怡
艺术顾问　陈飞波

责任编辑　徐明怡　徐纺
美术编辑　陈瑶

图书在版编目 (CIP) 数据

室内设计师 . 72, 酒店 / 中国建筑工业出版社
编 . -- 北京 : 中国建筑工业出版社, 2019.1
　ISBN 978-7-112-24996-1

Ⅰ. ①室… Ⅱ. ①中… Ⅲ. ①室内装饰设计—丛刊
②饭店—室内装饰设计 Ⅳ. ① TU238-55 ② TU247.4

中国版本图书馆 CIP 数据核字 (2020) 第 051879 号

室内设计师　72
酒店
中国建筑工业出版社　编
电子邮箱 : ider2006@qq.com
微信公众号 : Interior_Designers

中国建筑工业出版社出版、发行 (北京海淀三里河路 9 号)
各地新华书店、建筑书店 经销
上海雅昌艺术印刷有限公司 制版、印刷

开本 : 965 × 1270 毫米　1/16　印张 : 13½　字数 : 540 千字
2020 年 5 月第一版　2020 年 5 月第一次印刷
定价 : 60.00 元
ISBN 978-7-112-24996-1
　　　　(35293)

目录
CONTENTS

室内设计的参考书

撰　文 | 王受之

与建筑设计相比，室内设计的著作无论是数量还是质量都要低一点，主要问题并非室内设计没有研究的空间，而是室内设计和建筑有一种依存的关系。俗话说"皮之不存，毛将附焉"，因此讨论室内设计，没有办法和建筑分开，虽然有一些项目，努力做得使建筑和内容大相径庭，给人惊异感，好像拉斯韦加斯的赌场，但是这类的设计凤毛麟角，绝大多数的室内设计，都是沿着建筑发展的轨道来论述的。具体到室内空间，人流设计，照明通风，色彩与风格，软装配饰，才进入到自己的专业讨论领域。而这部分内容固然和消费者最接近，但是和建筑复杂的结构关系，工程联系，设备安装，建筑历史的文脉关系相比，还是缺乏一些可以挖掘下去的土壤。我最近在写《世界室内设计史》，翻译了差不多所有的主要英文参考书，得出这个感觉。

不过，这并不是说室内设计就没有理论深度了，恰恰相反，正是因为长期挂靠建筑学，反而造成室内设计大量的学术研究空白，不像建筑设计，基本所有的空白都填满了，可以说没有学术上的绝对空白可言。因此我感觉到在设计理论的大范畴中，室内设计依然是一个非常值得研究的方向。

有人很好奇：我们是做具体设计的，用哪类参考书比较好呢？我想大概分成应用型参考书和研究型参考书两大范畴吧。包罗万象的巨书不多，比如哈特武德（Buie Harwood）、布里吉德·梅（Bridget May）、科提斯·谢尔曼（Curt Sherman）合著的《建筑与室内设计 —— 从古到今完整史》（*Architecture and Interior Design : An Integrated History to the Present*，Pearson Education，ISBN100135093570），安妮·梅瑟（Anne Massey）的《1900 年迄今的室内设计》（*Interior Design Since 1900*，Thames & Hudson Ltd，ISBN100500203970）。

如果讲学术一点的，我当推荐设计史论大家奔尼·斯巴克（Penny Sparke）的《现代室内》（*Modern Interior*），这本书最新版本是 2008 年的，是从历史发展来讲现代室内设计的，斯巴克是国际上举足轻重的设计理论大师，写过好多重要的设计史论著作，她的理论功底高，举足轻重，拿捏得当，如果想了解现代建筑出现的一百多年内室内设计的发展，斯巴克这本书是很值得读的。

我跟斯巴克不熟，好像在某次会议上见过一次，她比我小两岁，1975 年开始从事设计史论研究，比我早，她早年在英国苏塞克斯大学（Sussex University）学习法国文学，到 1972 年获得硕士学位，毕业后转到布莱顿理工学院（Brighton Polytechnic）攻读设计史，1975 年获得博士学位，之后先后在布莱顿理工学院，皇家艺术学院（the Royal College of Art in London），金斯顿大学（Kingston University）教书，后来在金斯顿大学担任艺术学院院长、副校长，直到 2015 年。她于 1986 年出版的那一本《20 世界设计与文化导论》（*An Introduction to Design and Culture in the 20th Century*，Allen and Unwin，ISBN 0-04-701014-2，1986）对我影响最大，那时候我已经在 1985 年出版了自己的《世界工业设计史略》（上海人民美术出版社），出国之后看到她的这本著作，对于她用全球历史做设计发展的大背景的高屋建瓴的做法非常认同，从而自己用类似的大历史构架方法重新改写自己的著作。因此我对她是很尊敬的。

斯巴克这本著作仅仅集中在现代建筑发展的这一百多年中，开始是现代建筑的萌芽，之后就是彼得·贝伦斯、格罗皮乌斯、密斯·凡·德罗、勒·柯布西耶、弗兰克·赖特这条叙述路线，我们都很熟悉。

如果要讲自古到今的室内设计历史，可能就要推约翰·派尔（John Pile）了，他的一本《室内设计史》（A History of Interior Design），已经是第四版了，也是我看得最多的一本参考书。好处是条理清楚，从建筑发展讲到室内设计，图文并茂，很值得翻译成中文，如果有些不足，就是叙述多，而没有多少自己的观点，以上提到这两部书，都是学习室内设计的入门著作。

约翰·派尔在室内设计通史方面有很高的占有率，因为他一方面全，第二是出道得早，第三是市场反应好，得以持续新版。这三方面的原因使得他的书成为学习室内设计的必读作品。

他最近和古拉（Judith Gura）合作了《室内设计史》（*A History of Interior Design,Laurence King Publishing*,ISBN101780672918,ISBN139781 780672915）新版，我也买了，上下六千年的室内设计发展，有条有理，还是非常有用的参考书，就是比较贵。

这些著作如果细心看，发现他们的案例早期以教堂为主，后期则以住宅为主，在西方，室内设计基本就是住宅室内设计，因为他们公共、商业的项目不多，需要的设计师也就不是那么多，直接影响到学校。而西方人，特别是美国人讲究自己动手，他们的建材店巨大无比，应有尽有，因此鼓励了很多人自己动手做自己室内设计，也就造成应用型的室内设计参考书的百花齐放。

应用型的参考书多如牛毛，总论有如：

唐卡兹（Tomris Tangaz）的《室内设计课程》（*The Interior Design Course : Principles*, Practices and Techniques for the Aspiring Designer），这本著作是一本自行用的教科书，也是专业设计人员的一本全面了解室内设计的普及参考书，放一本在桌子上，是很好用的，另外一本叫做《材料与室内设计》（*Materials and Interior Design*），作者是几个设计师：布朗（Rachael Brown）、发列里（Lorraine Farrelly），也是一本类似的作品，很多初学设计的人都看这些著作，图文并茂，容易读。另外一本叫做《室内设计》（*Interior Design*）的综合书，是安东尼·苏里（Anthony Sully）写的，坊间也很多人看。

我列如下这些著作供大家参考：

唐卡兹的《室内设计教程》（*The Interior Design Course: Principles*,Practices and Techniques for the Aspiring Designer,2006）；

《室内设计大全》（*Interior Design Books*,是很多本组成的一个大系列丛书）；

《室内设计基础》（*Foundations of Interior Design*）；

《室内设计与室内装饰》（*Interior Design and Decoration*）；

《室内设计参考和室内设计标准》（*The Interior Design Reference & Specification Book*），作者格里姆莱（Chris Grimley）。

现在买书都在亚马逊（Amazon）上直接订购，如果点击亚马逊的购书搜索，点击"室内设计"（interior design）这个题目，你会发现大约90%的是家庭的室内设计，甚至是家庭的室内装饰的书，就知道在西方，"室内设计"这个词基本就是"家装"的同义词了。

纯粹和室内设计理论有关的著作，估计可以列如下几本有参考价值的：

《走向新室内》（*Toward a New Interior*），作者是韦恩索尔（Lois Weinthal）；

《纽约室内建筑学校》（*New York School of Interior Design : Home*: The Foundations of Enduring Spaces），作者是费舍尔（Ellen S. Fisher）；

《论改变建筑》（*On Altering Architecture*，作者是弗雷德·斯科特 Fred Scott）

《室内设计：理论和程序》（*Interior Design : Theory and Process*），作者是安东尼·苏里，（Anthony Sully），他这本书可能是目前阅读室内设计理论最完整的一本，因此很多研究生都在用他这一本书做参考，再延伸阅读。

国内的室内设计的作品多，但是著作上依然零散，特别是比较重量级的理论、史论著作尚还少见，希望能够在不久的将来看到更多我们自己的著作。END

新酒店时代

撰文 | My

在升级迭代的大潮面前，酒店业改革越来越"面目全非"。

自 20 世纪 80 年代起，希尔顿、喜来登等高端五星酒店一直独挡一面，经历了三十年的发展，酒店业早已不再是唯国际品牌独尊的局面。越来越多风格迥异的原创精品酒店、连锁集团与民宿等陆续刷新了人们的路上体验，其中不乏口碑与情怀之作。

值得一提的是，这些佳作的基因里总是会烙上特别的元素，"在地文化"成为其中的主流。这类酒店通常会唤起传统式居住的复兴，或收购老宅进行改造，或是主打民族文化，或是唤起城市人对古代乡村的热爱。

安缦集团和虹夕诺雅集团是此类酒店不可绕过的范本。在此次的专题中，我们甄选了两家日本的酒店，位于伊势的世外桃源安缦伊沐以及东京市中心的虹夕诺雅，虽然两家的地理位置完全不同，却均以各自独特的方式阐释了日常生活美学，

让人在日常的细节中，真正体验到日本文化的精髓。阿丽拉集团也是备受业内推崇的小众品牌，此次，新近开业的乌镇阿丽拉也将江南水乡元素进行了创新的演绎。由琚宾担纲室内设计的西塘良壤酒店则将酒店营造成一个当代美术馆，有机的生活元素引领潮流健康的新时代生活方式。

同时，本期主题也甄选了一些老牌经典酒店，如普吉岛的特萨拉酒店、曼谷的素凯泰酒店等，这些善于营造氛围的经典酒店冲破了酒店、私宅与隐世度假村的界限，在当代和经典之间切换得游刃有余。

云南似乎天生是原创精品酒店诞生的温床，除了在丽江孕育的花间堂、以昆明为大本营的柏联，还有主打藏地文化的松赞系列精品酒店。2019 年，然乌来古山居、波密林卡以及芒康如美山居的开业，标志着松赞滇藏线初具雏形。此次，我们甄选了 5 家松赞新滇藏线上的酒店，去探寻白玛多吉打造的藏地旅行王国。END

安缦伊沐
AMANEMU

撰　　文 ｜ Vivian
资料提供 ｜ 安缦

地　　点 ｜ 日本中部三重县的伊势志摩国立公园内
设　　计 ｜ Kerry Hill

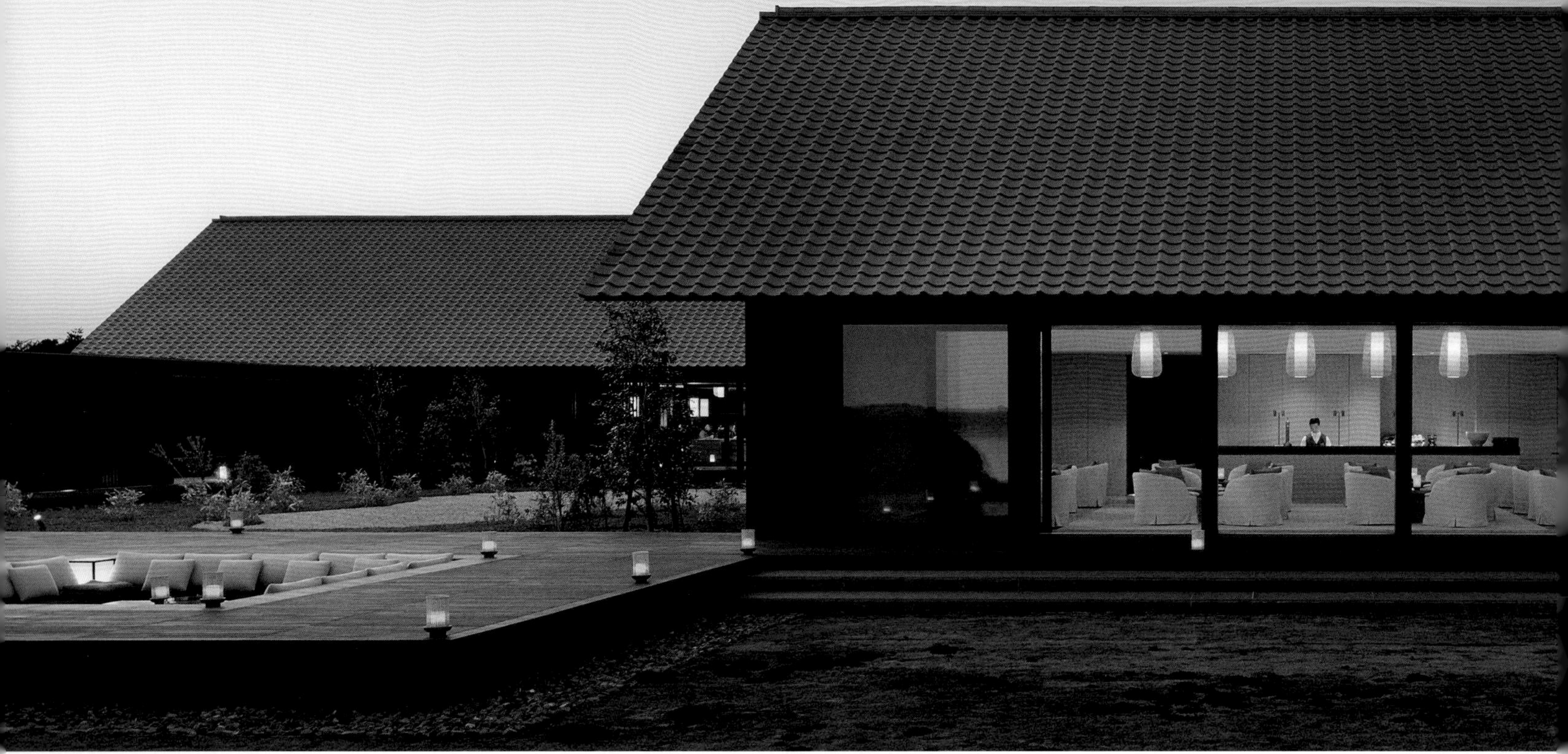

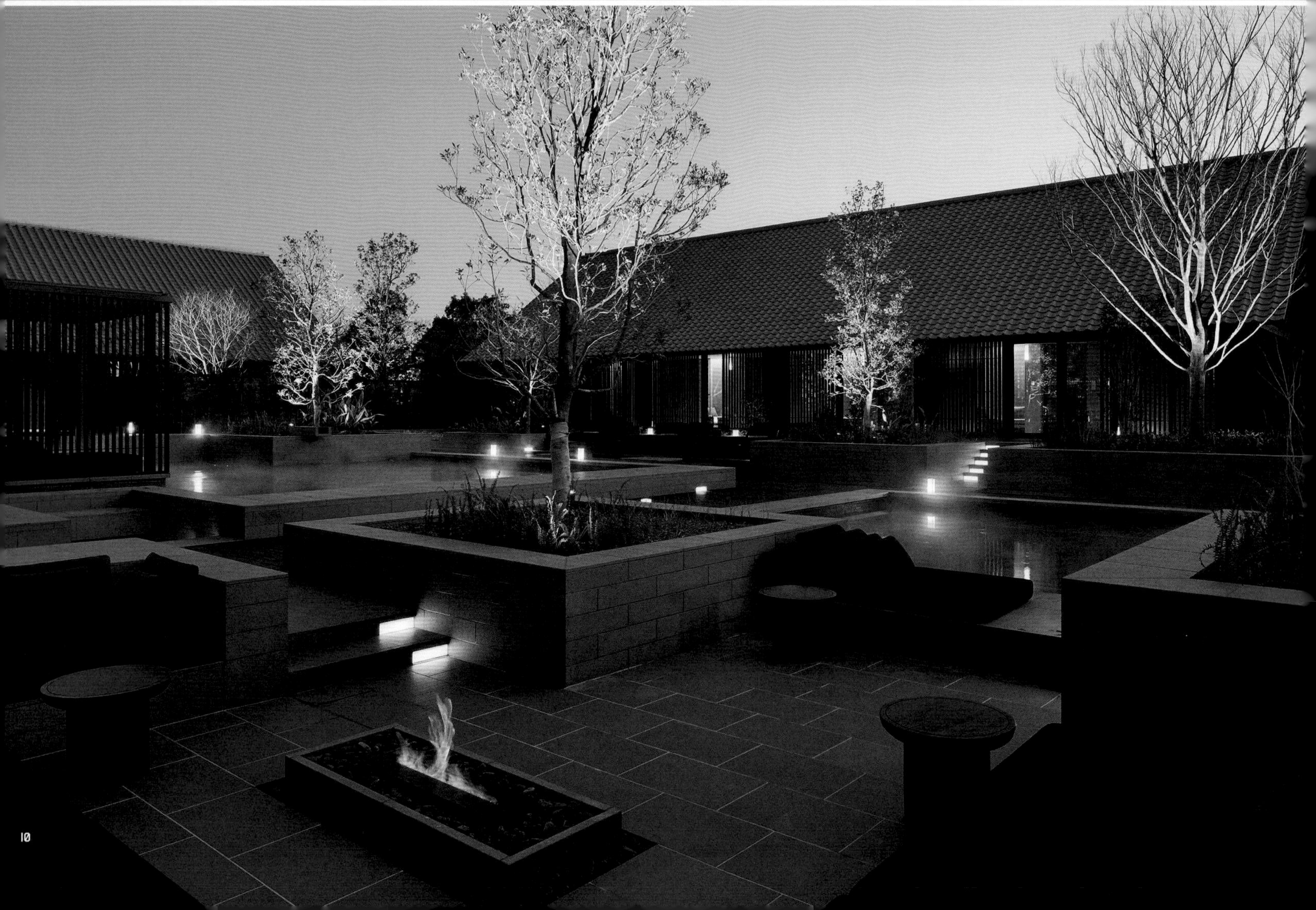

```
1  3
2
```

1 公共区域

2 大型中央混浴温泉浴池

3 客房

　　提倡"在地文化"一直是安缦所有酒店的经典标志。历时 7 年打造的"安缦伊沐"是日本的第二家安缦，与东京安缦一样出自已故传奇设计师凯瑞·希尔（Kerry Hill）的手笔。酒店坐落于日本中部本州岛三重县的伊势志摩国立公园内，设计师通过一系列独特的构成元素，将日式的传统完美地融入到现代风潮中，体现了其特色的"现代自然主义"。

　　对度假酒店来说，最值得一提的则是选址。安缦伊沐藏身于伊势志摩国立公园内，此地海岸线曲折漫长，古时地壳沉降带来丰富的群山与岩石。酒店甚至还有一片自己的森林，绿意沿着山脉，一直绵延向远处的伊势神宫。

　　这家酒店的关键词就是"宁静"与"隐逸"。沿着青苔小路，杉木外墙里是素净

典雅的和风住宅，广袤的土地上，只是零星点缀着 24 间套房与 4 间别墅。

　　在安缦伊沐的设计中，凯瑞将纸、木、石等日本民宅常用的传统材料以现代化的手法展现出来，和式的纸质门窗与书法样式的装饰，以空间的维度演绎了日本"和"的理念。

　　每个独立的房间都采用了落地窗的设计，可以从房间的一端移到另一端，让客人尽情欣赏度假村周围的自然景观，享受隐逸之美。客房内，木制的百叶拉门将起居室与卧室隔开，走入房间，映入眼帘的是编织吊灯与竹编花器中的三两枝花。余赘之物被简化至最低，空间也尽可能留白，以大地色填充。房间内的咖啡桌、扶手椅以及沙发等定制家具与大地色织物的色调也相得益彰。

　　作为世界上第一座拥有天然温泉的安

缦，古老的矿物温泉传统在这里得到了延续。每间别墅都有独立的温泉，浴室采用了传统日本浴室的设计，炭黑色的玄武岩地砖将目光从房间引向设有落地窗的私人温泉，在这里，客人可以一边泡汤，一边欣赏私家花园的景致。同时，占地 2000m² 的水疗中心包括一间户外的大型中央混浴温泉浴池以及两个私人水疗馆，私人水疗馆拥有独立的室内和室外温泉。

　　在东侧的核心功能区内，接待大堂、餐厅、居酒屋、泳池等均分布在此，以围合式的布局展开空间。围合的中庭以旱溪造景，但身处其中，却可以透过中庭直接看到大海，给人以极大的视觉冲击力。中庭中还有个下沉的休息观景台，下沉空间让客人的观景视线不被阻碍，并提供一个绝美的观景空间。**END**

| 1 | 2 |
| | 3 |

1　SPA 室内
2.3　大型中央混浴温泉浴池

1　　起居室

2.3　餐厅

4　　图书馆

```
    | 2 3 4
I   |
    | 5
```

I-5 客房

虹夕诺雅东京
HOSHINOYA TOKYO

| 撰　　文 | Vivian |
| 资料提供 | 虹夕诺雅东京 |

| 地　　点 | 日本东京 |
| 设　　计 | 东环境建筑研究所 |

| 1 | 2 |

1　入口

2　外观

　　来自日本的奢华酒店集团虹夕诺雅一直是主打日式高端的隐居酒店，在东京分号之前，虹夕诺雅从未开在闹市中，也几乎没有超过两层的建筑。虹夕诺雅东京位于热闹非凡的大手町区域，如何能在高楼里开一间能让人感受到日本传统文化氛围的"旅馆"是个非常大的挑战。

　　其实，在日本，"旅馆"并不是普通、经济的概念，反而是指具备一定文化底蕴的所在，而"Hotel"在日本酒店评级中最多也只能达到三星级。虹夕诺雅东京的设计理念是"塔之日本旅馆"，酒店希望把早已绝迹于闹市的日式传统旅馆带回东京，将当地文化提炼后进行全优化呈现。

　　玻璃幕墙外裹着一件满是江户时期花纹的金属蕾丝外套，这仿佛一个神秘的境界，将喧嚣与浮华都隔绝在外，也表达了日式旅馆对于都市胜景的不屑。穿过一片小树林，就能找到虹夕诺雅东京的真身了。在闹市中慢慢走近它，就仿佛进入了另一个世界，连呼吸都开始慢下来了。虹夕诺雅的特色之一，就是总会创造出到达的仪式感。这种依托在日本文化背景下的仪式感，都能引起到店客人的共鸣，从而

给人留下非常深刻的印象。虹夕诺雅东京的到店仪式是在一楼气势非凡的狭长走廊，客人需要把自己的鞋子脱掉，放到仿佛装置般的旁侧的竹编鞋柜里。入室脱鞋，其实也是日本传统温泉旅馆的习俗，进入酒店后，从公共空间到客房，都是榻榻米，让人感觉像家中那样舒适。

　　设计师在每层都设置了6间客房和1间日式休息室，令每一层都成为了一间独立的旅馆，垂直复制了14层，让日式旅馆的尺度重回东京。正对电梯口有一扇密致的木格栅，这背后其实是一个舒适安逸的多功能开放吧，相当于"日式旅馆版的行政廊"。这里有健康的早间轻食，精选的茶、咖啡、小食等，折射出了纯粹质朴的日式居停美学。这样的设置太有心思，让客房有了延伸的感觉，大大增加了活动空间。而每层其实只有6间客房，这个区域也不会嘈杂，说不定可以碰见有缘人，一同品茗谈天。

　　6间客房共有三种房型："樱"与"百合"是日本传统和室；"菊"是最大的房型，每层只有一间，位于走廊尽头。房前拐角处还有扇拉门，作为前庭隔断，非常私密。其实，虹夕诺雅东京周围林立的高楼让

酒店没有了向外的景观，但却更激发了设计师的灵感，反而采取逆向思维，让日本江户时代典型的花纹纹样作为客房景观的终结点，也把窗外无趣的高楼景观阻隔在了视线之外。这样的设计手法除了丰富了客房的层次，同时也令酒店的外立面有了成立的依据。

　　客房的设计主要突出和式风格，清雅的屏风和雕花都着重表现了传统文化在当代的回归，而用简单的和式风格来定义虹夕诺雅东京则是不合适的。戏剧性的瞬间在于"客房用餐"，此时，看似平淡的客房就变得有意思起来，平时供客人休息的竹沙发和茶几，在就餐时就变成了独立的就餐案几和配套的沙发椅。原来，酒店能提供的餐厅座位有限，所以有就餐需求的住店客人都被推荐在客房就餐，酒店也为此做了充足的准备，大到就餐座椅的设计，小到碗碟和案几的搭配。

　　传统的日式旅馆怎么可能没有温泉？虹夕诺雅东京将温泉搬到了东京上空，位于建筑的17层，温泉则取自大手町地下1500m深处。温泉分为室内外两部分，夜晚，可以在室外享用温泉的同时仰望星空。■END

1	4
2 3	5

1　日式休息室

2　前台

3-5　客房

松赞新滇藏线：
开启藏地隐秘之门

松赞的每一个选址，都是创始人白玛多吉以前架摄影机的位置。

在建立松赞前，创始人白玛多吉在央视效力了11年，整整20年专注于用纪录片呈现藏文化。而以酒店延伸出的旅程呈现藏文化的魅力其实是纪录片的美妙延伸。

位于香格里拉的绿谷便是白玛事业的起点，这处山居由白玛自己的老宅改造而来，室内的古董家私和藏式地毯都甄选自白玛自己的私人收藏。随后，白玛也逐步明确了在云南香格里拉境内塔城、梅里、奔子栏等多地布点的构想，形成了松赞香格里拉环线的布局。

被誉为"世界第三极"的西藏一直以自然地貌的丰富多变令人向往，但滇藏线的住宿条件一直非常简陋，松赞的"新滇藏线"却颠覆了我们对藏区的认知，让我们可以不再风餐露宿，便可领略到这里极致的自然景观与沉淀千年的少数民族文化。

与香格里拉环线的整体构思一致，每一家松赞选址偏远又深入腹地，坐拥极致美景和在地的民族风情。

西藏东部最大湖泊然乌湖边的松赞来古山居，建在海拔4200m之上，在雪山和苍穹之下可以感受到大自然的壮阔。松赞波密林卡坐落于海拔2730m，被森林围绕的台地上，与自然融为一体。即将落成的位于雅鲁藏布江峡谷深处的松赞达林山居、巴松措边的松赞巴松措山居，同样会是令人叹为观止的经典。而位于香格里拉与拉萨这两处起始点的松赞酒店，则更讲究"在地文化"。

这些酒店首尾相连，每家酒店都更像大本营，在纯净自然和绝世美景中串联出一条自然文化的体验式旅行路线。

松赞香格里拉林卡
SONGTSAM LINKA SHANGRI-LA

资料提供 | 松赞文旅度假酒店集团

地　点 | 云南省迪庆藏族自治州香格里拉县松赞林寺

1 | 2

1-2 餐厅

《消失的地平线》让世人知道,原来"世外桃源"真的存在,叫做香格里拉。

在那里,太阳和月亮停泊在你的心中。那里有神圣的雪山、幽深的峡谷、飞舞的瀑布、被森林环绕的宁静的湖泊,松赞香格里拉林卡就在这片仙境之中。

位于松赞林寺景区的香格里拉林卡,在原生态的外形下,搭配的却是一个传统而精致的世界,从内到外,酒店堪称是一座藏文化博物馆。

得益于宽阔的占地面积,酒店建有27栋楼房,而所有的客房错落地分布在其中的19栋楼房中。楼房采用藏族传统的石木砌结构,外形端庄稳固、风格古朴粗犷。每栋楼房都朝向东南,使所有房间都能沐浴在温暖的阳光下,这在高原寒冷的冬天尤为重要。建筑所用的木质结构以轻巧灵活和大面积石墙的厚宽沉重形成对

比,给人以沉重的感觉又使外型变化趋向于丰富。

同时,坐北向南的朝向,令每一个房间向南望去,几乎都能看到有着300多年历史的松赞林寺,茫茫大地与村庄一起,祥和、安宁。酒店的每一栋建筑的取名都来自香格里拉深处的某一个村庄。前厅摆放的实木家具、藏毯、铜制佛像、藏八宝装饰……这些藏族手工制品与古董艺术品装饰,在保证温馨舒适的前提下使人充分感受藏民族文化的精髓。酒店后山拥有大片草场,在草长莺飞的季节,成片的绿色将这个后山包裹,农家安放的几个青稞架也成为了一体的景色。

酒店设有高级房、豪华房、套房、家庭套房、豪华供氧房等8种房型,藏式风格深入地融进房间的每个角落。本地手工核桃木家具完美地呈现了香格里拉独特的

风情,木质地板、橡木壁板、藏毯和木质包铜浴缸,每一寸细节都体现香格里拉的精髓。哪怕是天气突变的季节,在室内,点上壁炉,木材燃烧出来的温暖通到房间的每个角落,喝着温热的姜茶,可以感受着岁月静好,现世安稳。阳光明媚时,坐在房间阳台上观云起云落,晴空万里,远处连绵的山脉清晰可见,石卡雪山和天宝雪山的积雪反射着耀眼的金光。

酒店内的藏餐厅使用当地最新鲜的食材,由大厨烹饪多种独特的藏式风味佳肴,以满足来宾品尝当地纯正藏餐的愿望。除藏式餐厅外,酒店内还有西餐厅,备有多种西式菜点、饮品等。在用餐的同时,每位入住于此的宾客都会有种身处山谷田园美景之中的感受,抬头还可观赏到松赞林寺。美酒佳肴皆有如画山色相伴,享受一场自然迷人的感官盛宴。END

1	3	4
2	5	

1　SPA 等候区
2-5　客房

松赞波密林卡
SONGTSAM LINKA BOMI

资料提供 ┃ 松赞文旅度假酒店集团

地　点 ┃ 西藏自治区林芝地区波密县古乡古村
设　计 ┃ STUDIO QI建筑事务所（戚山山）
竣工时间 ┃ 2019年

I₂

1-2 松赞的选址都非常特别，每一扇窗外都是风景

冬天的西藏，可能和你想像中不太一样。

雪山耸立，冰川剔透，是随处可见的风景。可镜头一转，森林葱郁，水波清幽，恍若江南。从高寒极地到温暖河谷，无缝衔接，只有波密。西藏冬天最温暖的阳光和最湿润的空气，都在这里。

波密平均海拔只有2000m，如果不进入秘境，大概只能看到绿色的高山、大树和原始森林。宋史将其记作博窝、波窝，西藏地方政府的文书中，则多称它为"波窝龙巴"，意思是"祖先之地"。

波密从气候到地形都与其他几条入藏线路大为不同。这里本来就被叫作南方，当地的土著珞巴人在藏语里就是南方人的意思。早上的波密景色，像国画一般，轻纱般的雾气朦胧着山林，水墨的渲染，墨重之下似隐有细微，留白之处又有百般变化。面向东方的显亮处，鲜活的绿色依然透过云雾，泼彩在陡峭的山上，与云烟缠绵着。

通往波密林卡的公路，是从一片原始森林中开辟出来的，公路两侧是茂密的森林，汽车如同行驶在没有尽头的绿廊中。最常见的是松树和杉树，上面挂满各种寄生的藤类植物。岩石上长满湿漉漉的地衣苔藓，草地上开满黄色、蓝色的小花，湿润得能踩出水来。山坡上永远缭绕着轻轻烟雾，枯朽的树随意倒在路边、溪畔，就像浑然天成的木雕。

依山而建的波密林卡的建筑空间如蒙太奇镜头切换，成为存在于人和山水之间的一种氛围，让来客体验到一种灵活生动、心意相通的看见世界的方式。和来古山居与天地对峙的坚硬体感不同，这里没有冰川或者巴松措那样的震撼性奇观，你不会感受那种贴近极限的惊心动魄，眼前有的是河、滩、桃树、庄稼、连绵的远山和云雾，是阳光普照的诗意和暖融。

松赞首席建筑师戚山山这样说："波密林卡的建筑，像土地里生长出来的一棵树，一块石头，有着不矫揉造作的淳朴。"

波密林卡背靠郁郁葱葱的浓密雨林，左右被江水环抱，不徐不急的翠色江水带来远古的吟唱，半空中萦绕在雪山上的云雾，仿佛触手可及。波密林卡如同当地村落般，驻扎在如阶梯般错落有致的台地上，高高低低，一步三景，山重水复，柳暗花明。

设计师充分尊重了场地的自然地势，用"地毯式"的建筑风格将建筑与景观结合在了一起。"地毯式"是一个个台面层层叠加的效果，其中包括绿地、自然水系统、游步道、残疾人道等。设计师通过台地景观在垂直维度上将客房与公区建筑串联在一起，整个建筑群就像共生在景观基座上。这些建筑之间层层错错的台地引导人们在山林间穿梭、游走，时而行进至山腰客房，时而行进至山脚水院。在这里，建筑本身成为了自然的一部分，并不惊觉建筑的体量感，只有一种在自然山林间穿梭的舒适感。END

1　户外泳池

2　餐厅

3　精品店

4　大堂

松赞来古山居
SONGTSAM LODGE LAIGU

资料提供 ｜ 松赞文旅度假酒店集团

地　　点 ｜ 西藏自治区昌都地区八宿县然乌镇来古村
设　　计 ｜ STUDIO QI建筑事务所（戚山山）
竣工时间 ｜ 2019年

松赞来古山居，位于海拔 4200m 处，是目前海拔最高的松赞酒店。整座酒店镶嵌在悬崖上，面朝冰川，置身雪山湖泊间。

然乌湖是西藏东部最大的湖泊，往西是世界三大冰川之一的来古冰川，是往来藏区的行者必至的打卡点。2015 年，松赞创始人白玛多吉来到了这里，在然乌湖畔发现世外秘境一般的来古村。那年他第一次走通了松赞滇藏线。

来古村是一个处于冰川末端的古老小村庄，只有十几户村民，位于青藏高原东南伯舒拉岭的腹部，距川藏公路 318 国道仅有 20 多公里。来古村和然乌湖相依相偎，相伴而生，村子四周雪山耸峙，当歌岭、夏那峰、布汪拉、达玉障堆四峰环绕，每座雪山均推下巨大的扇形冰川，在冰川前沿形成堰塞湖。站在这里可以看到 6 条海洋性冰川，这样的自然景观在中国甚至在世界上都绝无仅有。

通过对滇藏线整体布局的考虑，然乌来古山居至少需要 20 间客房，加上餐厅、书吧、员工宿舍和后勤区域，至少需要 4 层楼。山居的建筑功能虽然不多，但这样的体量对于这一片原始的场地已经是一种巨大的侵入。

为了不破坏掉这个村庄的氛围，设计师在处理建筑和这片原始场地的时候，将整座酒店镶嵌在悬崖上，利用原始地形，将近一半的建筑藏于山体内部。这样从村子远远望去，是会看到一个小小的建筑顶部，与原始村落自由的体量、肌理形成了极为协调的关系。

来古山居的所有客房、餐厅和书吧区域都采用了钢结构的生态模块房形式。每个模块以 3mx6mx3.3m 最小单元模数为基准进行组合，最终组成整个建筑。房间内的所有功能、结构都在预制模块内交接处理完成，在上海将模块制作完成后，通过大型货运卡车将成套的房间"零件"沿着 318 国道行驶下来，走青藏公路途径拉萨运至然乌基地。"整个装吊过程，我觉得就像在见证奇迹发生一样，就像飞来峰一样，就是一个房间一个房间地飞过来。当然他们每次落地时，是需要无比精准的细节把控的。"设计师戚山山如此感叹。

来到然乌来古山居，仿佛是不经意间就到家了。一路奔波的旅人，穿过原始村落来到小而温馨的家门口。刚进门就迎来一碗热气腾腾的姜茶，体能瞬间得到恢复，精神也得到放松。4 层叠加的全景观客房，直接面朝来古冰川。置身在冰川湖泊间，才深觉自己是如此渺小而微不足道，但内心却能涌现出一种无法抑制的强大力量。立于绵延冰川前，感叹有这样一座建筑让自己与自然有如此微妙的联系，你中有我，我中有你。

一般客人来到这样的高原处，必会难以入眠，因此酒店使用了"鱼跃"提供的中央分子筛供氧技术，在生态模块房内 24 小时密闭供氧，同时采用丹麦进口地暖持续供热。又因为高原日照非常强烈，即便是在冬天，暴晒 1 个小时也会晒伤，所以然乌来古山居采用了三层 LOW-E 落地真空玻璃防晒保温装置，既隔热保温、隔音，同时也阻隔紫外线。■

```
I  2  3
   4
```

I 酒店镶嵌在悬崖上

2-4 面朝来古冰川与雪山的餐厅

1-3 客房

松赞如美山居
SONGTSAM LODGE RUMEI

资料提供 | 松赞文旅度假酒店集团

地　点 | 西藏自治区昌都地区芒康县如美镇竹卡村
竣工时间 | 2019年

1 │ 2

1　户外平台一隅

2　酒店选址极佳，位于澜沧江边

　　松赞滇藏线，南起丽江，过香格里拉、奔子栏，绕过德钦县境内的梅里雪山，沿澜沧江至芒康，由八宿至波密，过林芝后抵达拉萨。

　　芒康，本意是"奇异而富饶之地"，仅从地图上看，就可明白它的独特，横断山脉中心，澜沧江纵穿，是西藏离四川、云南最近的地方，也是从云南进入西藏境内的第一站。松赞如美山居是整条松赞滇藏线上最早落地的项目。但早在2015年就确定选址、2016年便开工建设并于当年完成主体建筑工程的松赞芒康如美山居，为何2019年6月才正式开业？

　　因为松赞注重的并非单一的目的地或酒店，而是着力为游客创造一个多目的地的、连续的、兼具深度和广度的旅行体验，松赞如美山居也成为了松赞香格里拉环线与滇藏线的连接枢纽。

　　芒康这一地区的海拔大多超过4000m，不宜居住，而来去芒康，自古至今也绝非易事。无论是从云南境内的德钦到芒康，还是从西藏境内的八宿到芒康，都是滇藏线上高差极大、路况极险隘的路段。因此，在海拔2600m的河谷台地上，松赞如美山居的存在，无论从生理还是心理上，都能为刚刚进入西藏的游客提供一份体贴柔和的关照。

　　山居坐落在村庄与农田里，目光穿过一片青绿色麦地，澜沧江仿佛近在眼前，而建筑也以"退台"形式与自然场地紧密结合。为了给客人在干旱地区营造出柔和放松的空间，相较于松赞的其他酒店，客房的室内设计也有了较大的突破。

　　首先，酒店增加了许多"柔性"元素，并使用了开放型设计：针对不同活动状态对房间进行了分区，墙面用布料覆盖，床椅之间和双床之间都安装了"软帘"。景观套房是最推荐的房型，房间宽大敞亮，仅用帘子分隔开卧室和客厅，空间可分可合，让居住在峡谷间的客人能够获得更开阔的视觉感受。酒店在配色上也采用了比较亮丽的色彩：湖绿、明黄、木白、孔雀蓝等与窗外天空、雪山、河流与田野等自然的色彩彼此呼应。

　　长途跋涉后，没有什么能比温柔水波更能抚慰人心。在松赞如美山居的镜面泳池里，聆听澜沧江震撼人心的轰鸣，望着眼前绿色麦浪随风起伏，旅途的疲惫烟消云散。

　　在山居的院落中，松赞特别设计了一处原生态水循环系统景观：利用梯田到澜沧江下降的自然坡度，水流从较高的小水池注入到镜面泳池，再坠落形成SPA水疗房前的小瀑布。松赞以丰富的水循环景观，为这个干旱的区域增添了更多水润光彩。END

1	3
2	4

1　前台

2-4　供游客休憩的公共区域

松赞拉萨林卡
SONGTSAM LINKA LHASA

资料提供 ┃ 松赞文旅度假酒店集团

地　点 ┃ 西藏拉萨城关区次角林旅游文化创意园区

1　布达拉宫景观套房一隅

2　酒店建筑群

在过去的十多年中，松赞位于云南境内的酒店群早给酒店控们留下了极好的口碑，选址偏远又深入腹地，不好探寻却坐拥极美景致的松赞酒店满足了每个酒店控对藏文化旅行的全部想像。

位于滇藏线终点的圣城拉萨又会开出一家怎样的松赞呢？同松赞的姐妹酒店一样，松赞拉萨林卡保留了最原汁原味的藏式风情，由创始人白玛多吉亲自规划设计。

松赞系列酒店最大的特色就是选址，松赞拉萨林卡自然也不例外，其最大的特点就是避开了熙熙攘攘的人群，让客人在房间中就可以与布达拉宫相伴而眠。无论是在餐厅，还是在房间的阳台，还是大堂，都可以欣赏到布达拉宫的身姿。

松赞拉萨林卡是年轻的"老建筑"，其建设秉承一贯的"接壤在地文化"理念，借鉴西藏经典建筑罗布林卡新宫的建筑形

式，希冀通过这样的方式，表达旧日生活的精美，致敬祖先的智慧。特邀参与过两期布达拉宫维修的大工匠参与建设，外墙涂料来自当雄县羊八井白石灰，采用与布达拉宫一致的传统泼浆工艺；建筑外观参考了敏珠林寺，使用了藏式建筑中最典型及传统的块式砌筑，片式叠加工艺；门窗及楼梯借鉴了经典藏式园林建筑罗布林卡新宫的建筑形式；主楼大堂的天井设计还原了旧时八廓街的藏式传统四合院风貌。酒店每一个房间都有北望布达拉宫的视野，松赞在建筑布局和层高上精心设计，更考虑高原气候，整个建筑群集体西转25°，接引冬日暖阳。

主楼挑高3层，进入一楼的大堂时，听见梵音，闻见静心香气，抬头就望见那恢弘的玻璃屋顶。酒店内部按照传统拉萨风格装饰，摆放了许多白玛先生收藏的艺

术品，从藏族佛像、藏毯，再到汉族的丝绸都被摆放到了主楼供客人欣赏，每个角落都散发出一种氤氲的神秘，仿佛百年前拉萨贵族的家。

酒店的客房全采用套房的模式，让每一位住客都拥有了超大的客厅和南北通透的格局。在这里，客厅的沙发被改成了榻，可以盘腿而坐，甚至可供一名成人睡觉。传统工艺粉饰的墙体，有的是明黄，有的是驼色，配上朱红、藏蓝、墨绿的窗帘、布艺，也不会让人眼花缭乱。沿袭了松赞系列酒店的特色，使用了许多藏族当地手工艺人的铜制面盆、盥洗台面、尼西土陶花器等作品。在方寸之间，极力彰显了藏族文化的深厚和灿烂。尤其值得一提的是，这里还配备了弥漫式供氧服务，让更多初到高原旅行的客人可以有效地避免高原反应。**END**

I-3　餐厅
4　大堂

1	3 4 5
2	6

1-6　客房

西塘 næra 良壤酒店
NAERA HOTEL AND SPA

撰　　文	琚宾
摄　　影	井旭峰（除标注外）

地　　点	浙江嘉善西塘古镇
场地设计	琚宾、李以靠、庄镇光、朱树磊
室内设计	琚宾（水平线设计）
建筑设计	李以靠（以靠建筑）
景观设计	庄镇光（太璞设计）
艺术顾问	丁乙
灯光顾问	Albert Martin Klaasen / Klaasen Lighting Design
花艺师	上野雄次
业主方	智朴控股
业主代表	陆朋、陈鑫
室内设计团队	韦金晶、盛凌翔、杨奕溪、罗钒予、葛丹妮、郭达宇、聂红明、胡凯、刘小琳、李俊桦、林建旭、全俊睿、张洛恺、谢刚、温碧云、莫志冰
建筑设计团队	张德俊、陈恺丽、吴凯、Francisco Garcia（宋子盛）、廖望、邱小林、贾殿鑫、刘滢滢、李薇薇
景观设计团队	李鸿泰、陈凌峰、杨丽佳、孙少波、郑思杰、耿大磊、金辉、李晓辉、方碧莲、欧阳红波
家具/产品设计	张轩荣、董世彧、张哲雄（水平线设计）
机电顾问	林森、陈艳文、李海家、王嘉琳、刘皓爽、何婷（深圳市嘉石机电工程设计有限公司）
驻场设计师	胡凯、李俊桦（水平线设计）
艺术家名单	丁乙、刘建华、曲丰国、薛松、萧长正、郑在东、徐冰、王一、蒋友柏、苏畅、朴忠勳、罗发辉、刘炜、刘大鸿、何多苓、杨福东、周春芽、薛峰、吴蔚
当地设计院	上海城凯建筑设计有限公司
结　　构	框架结构
材　　料	玻璃、木质格栅、涂料、老青瓦、水磨石、木饰面、竹编
建筑面积	40000m²
设计时间	2016年5月～2017年10月
建造时间	2017年10月～2019年8月

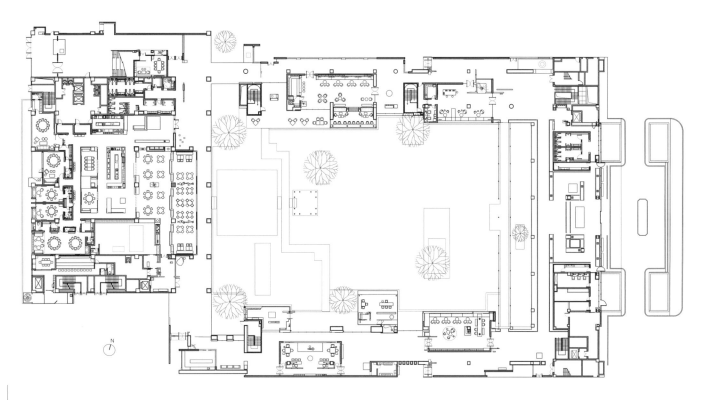

1 诗意的江南
2 一层平面

1 | 1
2 |

1　行走中的停留点
2　园林景观中的游廊

　　应该说几乎每个同行、媒体人都曾让我比较西塘 næra 良壤和阳朔 Alila 之间的异同。时隔三年，苟日新日日新，身体内部细胞们都更新了将近一半，总会有些类似于"风格"或者"手法"的东西还是延续下了的。但，的确是完全不同的。

　　我最喜欢的应该是门口的朦胧感。这处应该是"果"而不是"因"——城市主路转村道，右拐不远进入，心理还没有缓冲便需要见面，不够含蓄。于是就有了门口那弯弯折折的非文化物质遗产竹编隔断出来的小径模式，那是却扇诗。

　　入住通常是下午，彼时的光会通过内部的水池庭院，经过风的折射，自西边散落进大堂迎客。那种需要在不经意间调节了瞳孔大小转换后的心情，会静，会安享于那一刻。空间里明亮，但又不太过于明亮；竹篾间的空隙和花纹细致，但又不过

于繁琐；可以留意到并欣赏通道中间的古董隔断，也可以完全不……我一直喜欢那种舒适得恰到好处感，没有任何的负担。

　　晨起后，光会从东边大堂朝内转入，与清风契，或伴鸟啼。又或者自然醒来已近午时，树影时晃，枝条载荣。不管走了多少次，我仍然很喜欢在那明暗关系中穿行，不经意时的一抬眼，很有种岁月感在其间。

　　或许有人会奇怪于建筑外形的常规，这符合着当地要求的江南风貌，与整个西塘古镇相呼应。人与大环境的关系一直介于"适应"与"改造"的意图之中，建筑得兼顾。在内部场地中有五个深色盒子，不同长度地坐落在水边，与室内、景观相统一，于建筑主体中分离，自成体系，形成了一种具有当代感的视线关系，并与古亭间形成轻微的视觉上的对抗。与此同时

也界限出了"游园"的路径以及动线，包括光的进入、变化模式。彼此相望，独立存在，又相互映衬。

　　这几处空间情境的设定，或者说意图营造的，其实是种较生活之上的更具有仪式感的概念，这种概念的延伸同时暗示了其内部与外部，将五个盒子位于一个更大的背景当中，并不需要孤立地去感受。那是一个综合纬度，于平面上下之间跃迁。如果说水平方向代表着人平日里具体行为的常规，那这些个高低错开的综合平面则共同组成了一个更为立体的空间模型，衍生出了别样的可能性。

　　餐厅、琴室、茶室、书房、酒吧……选取这种长卷的打开或者说解读方式，是照顾了实用功能的现实后，也能兼顾得了审美情趣。下沉、抬升，仿乐章，一咏五叹。我喜欢这种能同时提供情感归属和文化认

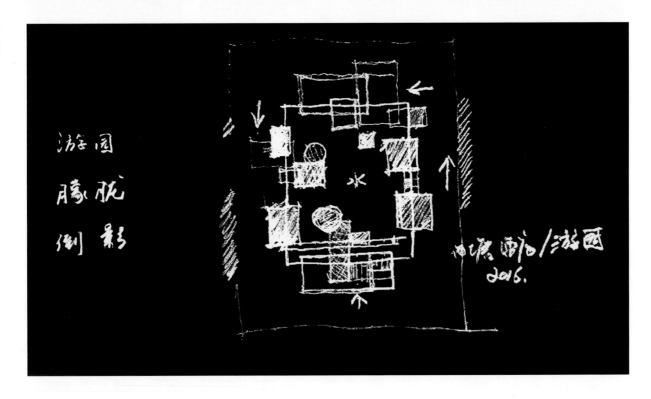

同的空间，相关联叠加后的丰富性，既温情又有趣。或倚水而歇，或凭栏而望，或拾级而闻茶香，借着特定空间营造仪式感，唤醒内心，与自己相处，与所爱的人或书相处。

水景的距离也是恰到好处的，虽浅，但仍有种宏大且浑然一体的体验。风皱时反而更有种时光凝聚感，恍然间不知道身处何方，只觉得江南以及江南本身所代表的一切美好属性都在意象中待感知、待触碰，又或者什么都不去想，只在日光翻起的白边上，眯了眯眼，笑了笑。

到了夜里，灯光会加入进来。每晚整点两场不长的灯光"秀"，恰到好处地捕捉了内心的敏感。如果说白天里的良壤是日常美人，那夜晚，则是带妆的。我一直很喜欢灯光下的场景，人会被晕染，心境会变得更微妙。那是种单看照片或视频不足以领会的别样美感，需要参与其中，需要身临其境。

未来会随时光老去的原木色亭应该会是酒店里最恒定的观察记录者，如果有延时摄影，可以看到天色在变，云在变，水波在动，人在动，唯亭是静止的，是风景

本身，又承载人情。夜半时，可以听见人与人的私语、人与境的对话，还能看见物和时空间的关联。将传统建筑与当代生活榫接在一起，古今碰撞的同时，又呼应了地域感。在此处上演过不止一次的"游园惊梦"，亭是载体，又是主角本身。亭内可做雨丝风片、烟波画船，四周花明月暗，衣袂色彩明快翻飞，池里或有容颜倒影，亭中央音节谐婉，随着水面流淌开去，拍击回卷渐散……好时节，像极了好梦里的场景。

其实格物，本来就可以解读为以己身来观物，或者以物来证己身。"良壤"应该是呈现最多当代艺术的酒店之一，是35位艺术家原作的最佳承载处。每一处的陈设艺术品，都有着各自的生命，在"良壤"中盛开绽放着。所有艺术品在契合酒店的同时并散发着各自的气场与魅力外，也体现着一部分人群的审美以及想营造的心境，还代表着此时此刻这个时代审美所凝练所积淀出的独特力量。

客房内的人文关怀、舒适以及各种细节属于"老本行"；其他空间内部愿待且待得住的配套设施的思考，包括各经典的，以及我自己设计的座椅等，可能更需要住

客切身体验后的评价而不是出于设计师角度的"自夸"。三年多的设计过程中，平均一个月在场一次。客房走廊里挂着的过程中的旧照片，于参与者是个记忆点，会感而慨，于住客也是个记忆点，会比而对……我们都在时间中穿行，积累着成长着。

良壤不仅仅是酒店，还包含着两千亩地的有机生态农庄，是致力于农业、加工、零售餐饮再到文化的整体事业模式。而有机，本身就是一种包含衣食住行的生活美学方式。

三年多的总过程中，与良壤朱树磊先生、建筑师李以靠先生、景观设计庄镇光先生、艺术总监丁乙先生、灯光顾问Martin先生、花艺师上野雄次先生等优秀的团队及个人配合十分愉快。特别是朱总，沟通过程中居然没起过一次争执，光这一点，大概就已经是最符合每个设计师理想的甲方了。我们从美好的过去延续到美好的现在，并且已经展望了美好的未来。

很高兴参与到中国本土管理品牌的优质酒店中。良壤酒店，是民族品牌的一种美好可能性的成功尝试，良壤本身，就是一种美好的可能性。■END

1.3 一楼书吧

2 茶室

4 游泳区

1	3
2	4
	5

1　花艺（上野雄次）【摄影：四月】

2　SPA

3.4　入口灰空间，竹编隔断营造的小径

5　交通节点（刘建华《碑》｜曲丰国《四季－春》）

1.2　大床房

3　会议中心公区

资料提供 ｜ 阿丽拉乌镇、goa大象设计

乌镇阿丽拉
ALILA WUZHEN

地　　点	浙江省嘉兴市
业　　主	雅达国际
设计单位	goa大象设计
建筑面积	25000m²
设计时间	2014年
竣工时间	2018年

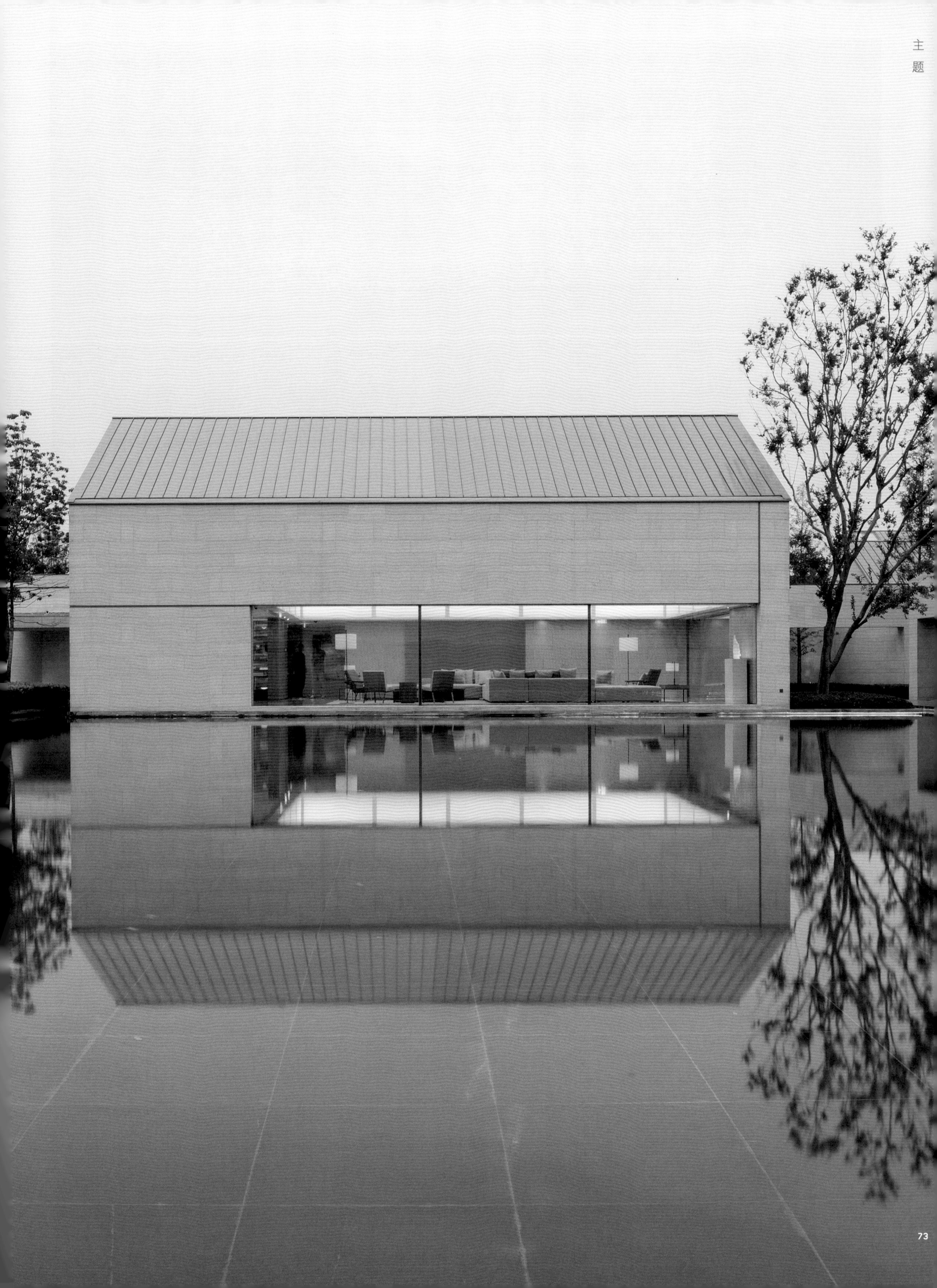

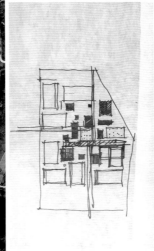

		4
1	3	5 6
2		

1 　公区入口

2 　在穿行中，人们体验到空间的疏密、聚散和光影变换

3-5 　风车形结构是阿丽拉乌镇重要的空间特征

6 　大堂简约的用色，将视线的焦点引向户外

在人们的印象中，乌镇是马头墙、石拱桥和乌篷船装点的风情图卷，而阿丽拉乌镇项目试图超越这一联想，在 21 世纪的乌镇塑造一座今日水乡。goa 大象设计通过规划、建筑、室内、家具的一体化营造，实现了表达的统一。

阿丽拉乌镇位于浙江省嘉兴市桐乡乌镇，项目基地坐落在景区以东约 3km。尽管位于水乡，但基地内没有天然水系和植被，仅南侧毗邻一处湿地，东、北两侧紧邻城市干道。对于高端度假酒店而言，这里的景观资源现状并不出众，但却为设计师提供了一个更为独立和开放的起点。

这片孤立的场地，如何才能与度假者建立情感共鸣？对于闻名遐迩的乌镇，人们来此寻找的，究竟是什么？

一座现代的村落

酒店的平面布局以传统江南水乡聚落空间为原型，其中传统村落的公共性空间以及公共与私人空间的组织形式是尤为重要的研究对象。该设计提取了村芯、水口、巷道、水渠等标志性的公共空间元素，并延续了传统街巷空间的尺度体系。同时，方案也提取了传统村落多巷道交汇的组团特征，建立起一个风车形网格系统。

风车形的街巷网格使多条路径在 50m 范围内形成交汇，通过极少的空间层级建构出丰富的路径，还原传统街巷的组织状态。同时，整座场地也通过这一网格体系形成了多个均质的公共节点，每个节点既是漫游的休憩处，也因其自身的公共属性，而成为区域集散、摆渡车站点的空间布局依托，充分适应了现代酒店的需求。卍形的街巷网格使多条路径在 50m 范围内形成交汇，通过极少的空间层级建构出丰富的路径，还原传统街巷的组织状态。同时，整座场地也通过这一网格体系形成了多个均质的公共节点，每个交汇点因其自身的公共属性，成为区域集散、摆渡车站点的空间布局依托，能够更好地适应现代酒店的需求。

建筑采用简洁的几何轮廓，水平系统的控制线带有强烈的人工感，衬托出杉树挺拔的剪影。低平的天际线在中心水院中形成倒影，天空在水中呈现镜像，给人以格外开阔的感受，与入口处迂回的路径形成对比。

整座酒店的高差控制在极小的范围内，使所有室内、室外空间能够平缓过渡，生硬的边界被消解，平和与稳定感便在连续的游走体验中油然而生。

方案将整座场地建立为一个可游走的序列：房子、水系与院墙共同界定出路径，构架出建筑室内与户外空间的转换。漫步于度假酒店中，人们可在连续的穿行中，不断体验到聚落微妙的疏密、集散和光影变换。

一座自然的迷宫

乌镇拥有 1300 余年的历史，长江三角洲地区湿润的气候，使这里逐渐形成了纵横交错的水网平原和以水运为主的交通体系，人们的生产生活也在漫长的时间中与自然景观交融在一起。这种人与自然的密切关系，于现代都市人而言弥足珍贵。

因此，自然环境的营造也成为阿丽

I | 2

I 泳池面向湿地打开，人的视野延伸向无限的自然之中

2 柔和的天光弥漫在餐厅空间

拉乌镇项目十分重要的内容。方案将南侧的湿地向北引入场地，在场地内营造3m~5m不同尺度的"水巷"。水巷景观系统同样遵循风车形的布局结构，与街巷共同构成一座自然的迷宫。庭院外墙设计了面向水巷的木窗，人们可以在客房的小院中聆听徐徐水波。泳池、餐厅等公区空间面向自然景观最大限度打开，消融了人工与自然之间的界限。

水杉作为原生植物被保留下来，搭配香樟等常绿乔木和多种落叶小乔木，形成酒店内全年常绿、四季缤纷的景象。令人欣喜的是，由于生态环境得到改善，基地中开始出现白鹭栖息的身影，这也成为阿丽拉乌镇的一道动人风景。

一座抽象的水乡

阿丽拉乌镇的建筑仅保留白、灰两种色彩，抽象的几何形体呈现于天空、水面和水杉林之间。方案试图通过这样的方式，将水乡意象从建筑年代、风格等具体的符号中剥离，重新建立一种仅与自然有关的表达秩序。

材质的选择与色彩基于同样的秩序体系，方案选择以光洁的金属和人工处理的石材代替装饰性的面材，最终深灰色铝合金与白色花岗石分别被用作公区的屋顶和墙面用材。

立面的渐变砌法作为一种提示，为连续流动的空间置入细微的变化，其渐变的肌理在砌筑逻辑上与传统的砖砌花格墙吻合，同时也改善了建筑的通风、采光性能，使其能够更好地适应现代居住需求。

拷花亭是乌镇独具特色的人文景观，在传统的蜡染工艺中，染好的布匹要在拷花亭中晾晒，它具有鲜明的标志性，也界定出人们聚集劳作的场所。方案在水院下沉酒吧中引用了这一意象，并不拘泥于传统形式的复原：建筑师选用柔软的金属网作为界面，抽象的形式同样能为人们构建出一片欢聚之所，成为开阔湖面上的精神象征。

静坐在阿丽拉乌镇最南端的水岸，湿地、岛屿、水杉林所组成的画卷仿佛不再有边际，地平面从脚下延伸向无尽的自然。当白鹭从水面滑翔而过，平静的湖心泛起涟漪，也在观者心中轻叩出回响。

阿丽拉乌镇试图呈现的，是一座属于现代人的迷宫，一处新旧交叠的时空。某种意义上，这更接近于一种对于时间的讨论——在这里，"传统"与"现代"都超越了特定时代风格所给予的定义，而归于抽象的语言。漫步中所获得的平和与安宁，也正是设计师希望寄予每一位度假者的礼物。END

1	3
2	4 5

1-5　极小的室内外高差将建筑与自然
　　　环境联结为一个完整的体系

乌镇谭家·栖巷自然人文村落
TAN ALLEY WUZHEN ECO AND CULTURAL COMMUNITY

摄　　影	稳摄影、汪敏杰、唐徐国
资料提供	Bob Chen Design Office
地　　点	浙江乌镇
设计单位	Bob Chen Design Office
主创设计	陈飞波
设计管理组	胡冰、沈云峦
建筑室内组	史约瑟、吕杨勇、刘亚楠、吴洪伟、罗嗣荣、
	梁宝江、方凯
家具软装组	李祥、王超、茹燕
平面视觉组	江平、李芳雨、李弘驰、王媛媛
项目策划	T-LAB
酒店管理	K&Y酒店管理顾问公司
工程施工	芝麻装饰、华跃装饰、海华五金
家具品牌	TOUCHFEELING、
	杭州Enjoy space
	(Vitra、artek、avarte、HAY)、
	SoLife、WUU
导示制作	宁波匠天标识制作有限公司
项目面积	10000m²
项目时间	2016年8月~2018年10月

| | 2 | 3 |
| 1 | | |

1　阳台远眺
2.3　室外环境

　　乌镇谭家·栖巷自然人文村落，与西栅景区咫尺相邻，与慈云古寺、石佛寺朝夕相对。谭家·栖巷是乌镇第一家村落型设计酒店，致力社区化生活美学体验，在地性自然人文休闲。谭家·栖巷一期由酒店、餐厅、书屋、展厅、茶室等十大场景板块构成且迭代发展。

　　项目团队由设计、策划、酒店管理与艺术家组成，包括跨文化沟通专家。陈飞波担当了从视觉设计到建筑规划、空间设计、室内装饰、以及景观改造等核心设计环节。项目分三期进行。第一期主导项目以设计酒店为主。

　　取名"栖巷"，回归街坊邻里的村落概念，对应都市人逃离喧嚣的心理需求，在乌镇人文社区得以栖聚。以数字序列命名组成，源自古诗中村落意境，传递乡宿深幽之意象，可激发、可传颂：谭家桥西，二三小院，五六人家，临水而栖，七八近邻，九十街坊。

　　保留村落形态，将15幢旧村屋统一外观基础上进行修复与协调。由于紧邻西栅景区，村落外观严格遵循古镇总体规划采用灰瓦白墙；但从形态上减弱乌镇大街小巷被过度强调的马头山墙，去繁化简，使改造后村落整体上与周边有别，却不违和。保持原村屋建筑的高低错落感，部分楼顶开设天窗、露台增加采光，打造个性化空间客房。

　　临街规划成餐厅、酒吧。大坡面屋顶将主楼围合成内向院落与天井，就餐区与厨房各得其所，大幅面观景窗坐拥满目葱翠，夜间迷幻灯光引人入胜；副楼二层增加露天观景台，为包厢客人营造视野开阔的户外社交空间。

　　水是乌镇的主脉。在谭家栖巷，依然如此。因地制宜在荒园上造池，水道蜿蜒回旋、与简约绿地相间成趣；从客房或餐厅踏入园豁然开朗，可沐浴晨光可坐看夕阳，日间波光粼粼，夜间月光漫漫。

　　做减法的同时，我们将消失多年的石径重回谭家栖巷，就地取材水景与植物，传统的步道巷脉贯穿村落社区。

　　取江南园林的借景手法，在建筑物立面、围墙立面几何开窗，形成不规律视觉节奏，营造室内外如画般韵律美学，所谓诗意栖居油然而生。

　　旧村改造面临最大问题：村屋之间没有整体规划，各自为政、杂乱无章。我们通过楼梯、天街与透光型玻璃房等开放式形式，不仅将难题引刃而解，也为项目增添了更多亮点。

　　独栋或一楼客房门前尽可能规划出半封闭私院或露台，包括走廊楼体半开放处理；二楼加宽阳台空间，皆在营造往昔邻里廊子晒阳光、檐下话家常的日常诗意，亦可感受往日"水上楼台对酒欢，堂前闻风坐相悦"的文人闲情。

　　建筑外立面与景观中的材质、肌理需同时考量。一方面，我们选择性遵循传统建筑的语言元素，以现代手法释放出"时间"感，材质是传统的，形态是自由的，比如石材、围栏或混凝土墙面。而光也是营造肌理的媒介，通过人造格栅与天然树影投射到建筑立面，日夜变换中产生更多自在与灵动，与触摸心底的历久弥新。

```
  ┌─┬─┐
  │ │3│
  │1├─┤
  │2│ │
  └─┴─┘
```

1.3 夜景

2 建筑外观

通过减法，我们在谭家栖巷将物质、材料背后的历史表情尽可能降低，以尺度、关系、感官、秩序等手法建构全新的空间与物体语言，从个性客房到公共区域，从家具、灯饰到饰品，通过物质与空间的多元融合中高度体现对"时间质感"的意象追求。

大堂中空预留的橱窗，大面积带柔性转角的金属墙面，从不会直射的光源，在沉静质朴的水磨石地面上悠悠闪光的铜线条，这些独有元素，与司空见惯的传统空间语言有着距离，在友善渐进中营造陌生的熟悉感。

酒店大堂内一系列定制家具，包括独立设计匠人定制的灯具，以丰富的造型语言与厚重且质朴的立面、地面形成视觉韵律，如音符般呈现出非现实时空感。

我们在谭家栖巷的餐厅、酒吧适度融入都市时尚体验，弥补了鲜有夜生活的古镇缺憾；同时，借鉴 Philip.Johnson 玻璃屋概念，宽阔大玻璃窗将村中富有生机的四季景象尽收眼底，而那一线异常节制的灯光交织体验，不仅让人从日常与非日常进行了及时转换，更成就了"坐看云起时"的杯盏时光。

鉴于外部制约，我们选择善于传递时间感的物质，比如铜、水泥、石材、实木等，运用在空间立面、饰面材质肌理上，材料过渡、色系衔接与视觉转换，包括产品的触感。在快消时代我们趋向反其道行之，将"历久弥新"贯穿于项目所有的物质和空间，使得人与物、人与空间的关系因为细微中的时间感而变得亲近、松弛。

高品质不仅存在谭家·栖巷的私密空间，在开放空间等同对待。定制家具、软装，包括灯光，甚至周密到每一件茶器的配置，皆为营造整体中一贯的高品质格调。色彩与光线、形态与尺度、坚固与舒适等等，借以透露出小镇生活不苟且的姿态。

村落改造中最大的设计难题是，所有客房都需要基于原有村居民舍空间结构更新。既然是设计酒店，非标化顺理成章为主题，由此产生了从标间、套房、loft 到独院等多样客房户型，谭家·栖巷也因此成为乌镇最多户型客房的设计酒店，为客人们提供了超越想象的入住体验。

在谭家栖巷，从每一盏精妙的灯光，每一件舒适的家具，每一晚酣然入梦的深度睡眠，都可找到都市没有的松弛感，但不缺都市应有尽有的品质感，以及与"家"相关的舒适感。用心的客人不难发现，无论是套房还是标间，从空间秩序规划到家居产品摆放都创建"非标化"特质，包括精选墙面的艺术家作品，我们隐性设计了每一套客房的"个性"。这由设计师高定产品打造的特定场所，旨在为入住栖巷的客人创造更多趣味性体验。**END**

```
    | 2 3
 I  |  4
```

1-4 酒店公共区域

| 1 | 2 | 4 |
| 3 | | |

1-4 客房

既下山·重庆
SUNYATA CHONGQING

| 摄　　影 | 石梓峰、杨轻轻 |
| 资料提供 | 尚壹扬设计有限公司 |

地　　点	重庆南滨路龙门浩老街
设计团队	尚壹扬设计有限公司
设 计 师	谢柯、支鸿鑫、许开庆、邓磊、刘凤、叶明琛
陈设设计师	郑亚佳、洪弘、吴思羽
家私配饰提供	壹集YIJI COLLECTION
建筑面积	约1300m²

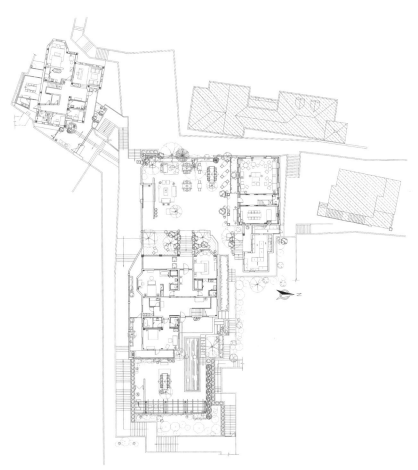

<table>
</table>

	2	3

1　酒店外观

2　平面图

3　客房一隅

由谢柯设计的既下山·重庆是设计度假酒店品牌——既下山的首间城市作品，亦是既下山首间由文保建筑改造的酒店项目。

既下山·重庆酒店坐落于重庆南滨路龙门浩老街的最高点，对望湖广会馆、洪崖洞、渝中半岛等重庆地标，近可观东水门大桥、过江索道。酒店由新华银行旧址及美国使馆武官别墅旧址两栋区级文保建筑组成，另一栋龙门浩9号楼为按旧图纸、使用旧砖瓦修建的三层建筑，两组建筑中间为景区公区通道。

因对文保建筑的要求，谢柯旨在有限的改造尺度中，完成对重庆城市性格的叙述，并跳脱出建筑的民国时代印痕，呈现更为当代化的酒店体验。看似"未经改造"

的状态，实则是花费了大量工夫，修复加固结构以使得空间好用。因空间有限，所以在平面规划上也竭尽所能，希望酒店有合理的平面，同时又有舒展的气质。

9号楼有着独立的入口和庭院，一楼设置了小小的接待厅，公区则保持宽阔尺度。美国武官别墅旧址有较高的空间感，酒店尺度最好的房间也在这栋建筑里；新华信托银行旧址一层则承载了酒店酒吧和餐厅的功能。

两栋旧楼之间几株老黄葛树荫庇着宽阔的院子。院子的打造也是节制的，青砖铺地，植物则选绿色和白色的搭配，前院依着中国院落的规则尽量空着，给客人充足的活动空间，院子可眺望东水门大桥，是下午茶的佳地，也可以做活动的宽阔

尺度。后院的一塘水映着天光，绿植充盈，是一处可休憩的隐秘花园。

谢柯将酒店的16间客房打造成一位世界文化旅者在重庆的驿站。浅灰调成为空间中的主色调，并搭配实木、黄铜来抽象地呈现民国记忆的历史感，而非具象化地重构与再叙述。在科技智能化甚嚣尘上的今天，谢柯在酒店设计中一反科技的过度使用，无过多智能化控制、用手拉窗帘替代自动窗帘、并加厚内墙纵深，以加强窗框的深度，为空间中的使用者塑造更强烈的空间浸入感。

既下山·重庆呈现了文化精英品味的设计论调，同时打造了东方精品酒店的独有特质：一种在酒店、公馆及家之外的第四种状态。END

```
| 1  2 | 4   |
| 3    | 5 6 |
```

1-6 公共区域

I-3 酒吧和餐厅

1 2
3 | 4

1-4 客房

普吉岛特里萨拉别墅酒店
TRISARA PHUKET VILLAS & RESIDENCES

| 撰　　文 | Vivian |
| 资料提供 | 普吉岛特里萨拉别墅酒店 |

| 地　　点 | 泰国普吉岛 |
| 设　　计 | P49 |

1 | 3
2 | 4

1 客房泳池

2 客房掩映于丛林中

3 酒店俯视

4 海滩公共区域

　　曾几何时，酒店总是希望用数量和气势来凸显自身的存在感，但如今，消费观念早就出现了变化，高端旅行度假的关注点早已逐渐从外在的炫耀，走向了内心的平和。普吉岛特里萨拉别墅酒店（Trisara Phuket Villas & Residences）就是这种娓娓道来的"第二眼美女"。金融世家Pattamasaevi家族携手普吉岛安缦的首任传奇总经理安东尼·拉克（Anthony Lark）花费了4年的光阴打造了这处金字塔尖的名流最心向往之的度假天堂。在梵语中，"Trisara"就是"天堂中的第三个花园"的意思。

　　安东尼作为普吉岛甚至整个奢华度假村圈最为传奇的总经理，在这20多年期间，见证了普吉岛的奢华酒店之路，亦促成了特里萨拉别墅酒店走向巅峰。当年，这位年仅27岁的澳洲小伙子就凭借过人的智商和情商，成功打造了首间安缦，他深谙"安静、私密、敞阔……"都是富豪度假的标配。

　　特里萨拉别墅酒店将普吉岛西北部的一处海角全盘包下，四周都被热带森林和异域花园围绕，将私享海滩环绕在内。为这家酒店操刀的设计师是著名的P49，这家事务所以设计见长，其客户包括阿丽拉、索尼娃、凯悦等各大酒店集团。但此次在特里萨拉别墅酒店的设计却是让建筑退后，让位于自然，用极致简约的设计格调与普吉岛安缦形成鲜明对比，呈现出仙境般的园林和广阔的碧海。酒店的建筑没有丝毫的炫技，只是选用了部分泰式传统建筑的元素，如传统泰式庙宇类建筑的尖顶。不过，近乎铺张的尺度却是彰显了奢华的至高境界，所有的动线和设置都经过反复的推敲。

　　安插在密林之间的客房分为主楼和别墅两个部分。主楼依山势而建，门侧便是蜿蜒的车道，分为三层排布，每间都标配海景的私人泳池。全新升级过的主流房型沿着中轴线，将起居区、睡房、浴室一字排开。室内设计则以暖色贯穿，泰北大理石与上等柚木互相交替，打造了一处高级的私人海景官邸，大床则与室外的泳池同在中轴线上。临海别墅的无边泳池则更是一处吸引人的所在，长10m的无边泳池如T台般伸展，让人恨不得一路开进海中，畅游到海天一线，感受这蓝天碧海中的浪漫。

　　特里萨拉除了这些大尺度的普通客房外，还有多处体量惊人的别墅，每栋别墅都呈现了不同的装修风格，诠释了不同的异域风情，而7卧别墅更是可以媲美小型的精品酒店。

　　这样的设计造就了独特的野奢感，天然的绿色围栏让人仿若置身世外桃源，安心享受着避世的乐趣，那些林间裸泳、面朝大海醒来、直接从泳池上餐桌这些电视剧中的场景完全变成了现实。我想，这些也正是让克林顿、比尔·盖茨、约翰尼·德普等大腕们专程打飞的来度假的原因吧。 END

| 1 | 3 |
| 2 | |

1 接待中心
2 餐厅
3 SPA

| 1 | 2 | 4 |
| 3 | | 5 |

1　客房户外区域

2　客房泳池

3　多卧别墅外景

4-5　客房

阿玛塔拉康体度假村
AMATARA WELLNESS RESORT

撰　　文 ｜ 谷雨
资料提供 ｜ 阿玛塔拉健康度假村

地　　点 ｜ 泰国普吉岛

1 | 2

1 客房外观
2 俯瞰公共区域

阿玛塔拉康体度假村是普吉岛首家养生康体度假村，位于普吉岛最南端的攀瓦角。这个田园诗般的岛屿，长期以来被公认为普吉岛皇冠上最珍贵的宝石。俯瞰着纯白色的沙滩、绿松石般的安达曼海和最令人兴奋的海水，完美的风景本就叫人沉醉。这里也远离了巴东、卡伦等人潮汹涌的三大海滩，坐拥清静而私密的安达曼海，更能享受到美轮美奂的水疗体验。

这家酒店原先是普吉岛丽晶酒店，丽晶被IHG收购时，业主撤了牌。"阿玛塔拉"原本只是属于酒店的水疗，如今以"疗养度假"为概念的酒店将这个名字变成了

酒店名。度假村内的建筑依照传统的泰式设计，采用了阶梯式的布局，天然的藤蔓类植物与当地常见的绿植营造出自然清凉的环境，无论是大堂、餐厅还是普通的套房，随处都可见到静谧的海景。在大多数客房内，你都可以将安达曼海的天际线尽收眼底。毕竟，这里曾经是丽晶，酒店的奢华标准也不一般，最基础的房型也是套房，然后就是泳池小屋和海滨别墅，入住其间，完全不会感到约束。在这样的碧海蓝天下，设计师大篇幅地运用了白色、映射池和无边水池这样的元素去描绘心目中的仙境。大量的映射池、无边泳池将酒店团团围住，美得摄人心魄。水其实是让人

放松和平和的利器，当你置身湖畔或者河滨，再复杂的心绪也将归于平静。

比坐拥海景的房间更令人心动的是，度假村内的Spa中心同样位于最好的观景位置，8间私人护理室均可远眺一望无际的海景。而度假村精心设计的泰式土耳其浴属全球首创，将传统的土耳其和摩洛哥沐浴方式与泰国的水疗疗法融合在一起，具有排毒、提神、促进循环和增强免疫的功能。

当海风掠起房间的窗帘时，当阳光和湛蓝的海景映入客房时，窝在客房的你，会找到灵魂的平和，即使只是短短几日。 END

| 1 | 2 | 4 |
| 3 | | |

1　室内光影

2　泳池别墅

3　公共泳池

4　SPA 区域景观水池

1-3 客房

宁海安岚酒店
THE CHEDI NINGHAI

撰　　文	李惠民
摄　　影	隋思聪、陈彦铭
资料提供	G-ART集艾设计

地　　点	中国宁海
设计机构	G-ART集艾设计
主案设计	黄全
项目面积	45000m²
竣工时间	2018年12月

自古以来，中国人对寓意高洁的竹抱有深深的眷恋与情怀，并有着 7000 多年的识竹、用竹历史。竹林中的生活也成为现代城市人对身居高雅幽静自然中的向往。成立于 1992 年，致力于为宾客呈献独特尊贵的生活体验的 GHM 集团，继在巴厘岛、马斯喀特、瑞士安德马特成功引入安岚品牌后，在浙江宁波宁海县幽静的竹林中，再一次打造了一座度假圣殿——宁海安岚酒店。作为 GHM 旗下第一家开设于中国的安岚酒店，宁海安岚是集森林、温泉、滑雪、古镇、海鲜、采摘等于一体的天然乐园。

担纲宁海安岚酒店室内设计的著名设计师黄全，在对周边自然环境与人文环境充分考察后，融合了海派东方理念，为宁海安岚赋予了独特的华贵与典雅。设计师结合宁海当地的竹编工艺与自然生态元素，以尊重自然、尊重当地文化为基础，大量使用自然材料以保证建筑空间与周围环境的和谐共存。始终将现代亚洲设计与本土风情特色完美结合的安岚品牌，在设计师黄全的理解与阐释下，荟萃宁海当地的人文风情与现代时尚的设计元素，为住客带来了前所未有的空间体验。

宁海安岚酒店大堂以抬高、转向和对景等设计手法，使建筑周边连绵的群山处于主视线范围内。再往里，高耸的斜坡式屋顶烘托出浓郁的度假风情。设计师创造性地选用当地的竹篾作为入口大堂内部屋顶装饰材料，营造质朴山林意境的同时深度诠释环保、绿色的设计理念。由原木格栅转轴屏风以挺拔的姿态纵向承接空间，中央则借由充满现代感的大型竹制装置吊灯唤醒返璞归真的野趣。

在依山傍水的自然怀抱中，除了有对竹的解译，也有对水的诠释。宁海安岚在山顶嵌入碧石般的休闲泳池。白天从高空俯瞰，碧石闪烁着熠熠的光芒，而当暮色低垂，精心规划的灯光便大显其威，池水摇身一变，成为月牙投映在尘世的曼妙倒影。徜徉其间，便可感受"一汤一世界，一池一人间"的境界。

泳池接待中心延续了酒店整体的装饰风格，将自然与质朴进行到底。格栅与灯带的穿插布局将月色照拂下潋滟的水光以艺术化的手法进行展示。散落在顶棚的圆形顶灯则如一盏盏满载祈愿的河灯，似要顺着水流汇向远方。通往室外泳池的走道模拟竹径通幽处的静谧安宁，也为走道尽头豁然开朗，"巧遇"水天一色的景致作下铺垫。山水之间，窥见安岚。

全日制餐厅用一种近乎粗犷的美学形式将产自宁海的质朴山石堆叠垒砌，让宾客感知大自然的馈赠。巨大的落地窗是设计师的盛邀，在竹林山景的陪伴下，每一场飨宴都将格外令人沉醉。餐厅公共区的隔断装饰则是由传统中式花格演变而来，抽象简约的线条充满时尚感与现代气息，而竹编元素则在细微处丰盈宏观设计，妆点坐具和局部摆设。

餐厅包房以神秘感回应访客的期待，在素雅之中置入一抹红调，既张扬又冷艳。设计师从东方女性服饰中获得灵感，结合江南丝绸温柔细腻的触感，在墙面上抽象

1 2 | 3
4

1　小吃吧

2　全日餐厅

3.4　远眺及近观大堂

地描摹婉约。

位于酒店另一区域的小吃吧则以素雅的色调传达舒适恬淡的假日情致，通过局部着色的手法统领视觉点的游转，带有民族风情的配色成为空间中的点睛之笔。置入传统文房四宝作为装饰点缀，将文人雅意与山水景色完美融合。

整个酒店共配备两个室内温泉与两个室外温泉，接待区以格栅板的有机拼接模拟染坊场上的垂布，搭配局部光源的照射，以幽润的烛火取代照明装置，降低空间照度，给人以温柔的精神慰藉，将浓郁的本土风情做了一次充满现代感的简约呈现。

去往室内温泉的走道通过顶棚将自然光线引至室内，搭配悬挂式烛光壁灯指示动线方向，在细腻的比对间酝酿山野浪漫的氛围。标准间墙面选用低调古朴的水泥石板，其上拓印古老的图腾序列，使空间洋溢着远古的韵味。

雪茄吧正中央悬挂着巨幅抽象仕女图，精美的刺绣纹路代表细腻的东方风韵，

以之为中心将色彩向四周晕染开，在浓淡的自然过渡间达到古典美学的最佳状态。透明红酒柜间或穿插在座位之间，起到分隔空间的作用。

无论是在东方还是西方，自古以来都将竞技赛马看作是一种休闲娱乐的方式，在宁海安岚，这项兼具激情与古典气质的体育运动也成为酒店休闲项目中最值得期待的一部分。在马场接待区，设计师黄全凭借娴熟的空间调度能力，融萃了中西两种风格，造型各异的西式马鞍作为墙面装饰，与中式古典家具陈设混搭出别具一格的美感。

百余栋客房和别墅借鉴传统民居的做法，依山而建，以独立建筑的形式散落在青山翠水中，其间以水景花园、林间竹道和入户栈桥相衔接。每栋建筑都拥有大型落地窗观景露台，将原汁原味的竹林山景引入室内。值得一提的是，所有玻璃皆选用低反射材质，以避免对周围的生态环境造成光污染。全国三大温泉之一的南溪温

泉恰在竹林的包围中，并被贴心地引入每一间客房。

傍竹居客房为一层山景别墅。拥有巨大的落地窗，翠林山竹一览无遗，开放式浴室和静谧的阳台都是属于亲密友人的私人空间。为了呼应室外的天然美景，室内大面积铺陈原木材料，以"线"构成简洁清新的氛围，而亮黄色的装点，则让室内升温，营造一派温馨的感受。

依山居客房为两层山景别墅。客房一楼以会客功能为主，整块竹箦席倒铺在顶棚区域，与原木地板形成呼应，使住客从进门起便能感受到被自然环抱的惬意。窗外的绿意经过百叶窗帘的层层过滤，向室内空间注入温和的生机。客房二楼则为住客提供安静的休憩空间，在落地窗前摆放观景软榻，素雅亲肤的棉麻面料与造型简约的竹制几案必然是悠长假期中最令人流连忘返的场所。

从曦光到夕阳，幽居宁海安岚，宾客可畅享山林野居的妙趣。🔲

```
 1 | 4 5
 2 3 | 6
```

1.2 泳池 spa 入口及楼梯

3-6 客房

曼谷素凯泰酒店
THE SUKHOTHAI BANGKOK

撰　　文	鑫雨
资料提供	Design Hotels™

地　　点	泰国曼谷
设　　计	Kerry Hill、Edward Tuttle、Pichitra Boonyarataphan

1 客房

2 酒店外观

　　素凯泰（Sukhothai）是泰国首个暹罗王朝的首都，"素凯泰"在泰语中也有"快乐升起之地"的意思，曼谷素凯泰酒店就是以此命名。酒店由世界顶级建筑师和设计师一起由内而外精心打造，每一个细节都力求臻于完美。值得一提的名字包括荣获大奖的Kerry Hill、Edward Tuttle以及泰国著名的设计师Pichitra Boonyarataphan，她在其所有作品中都坚持使用泰国布料。他们这群才华横溢的艺术家走到一起打造了这个视觉杰作。

　　酒店大量采用对立冲突元素，打造独特鲜明的艺术风格。其设计灵感源自古城素可泰，宏伟的舍利塔和宝塔的复制品让人想起那个雅致的年代。室内装饰混合采用了传统泰式材料和布料，以舒适适用的现代样式重现。全部设计和谐地搭配在一起，打造出一个时尚、永恒的酒店，无时

无刻不在展现泰式风情。

　　曼谷素凯泰酒店的标志是由22颗钻石组成的佛塔，其标志包含三重意蕴，佛塔造型代表了泰国传统文化和素凯泰古都的根脉；钻石代表了酒店尊贵高端的品质；独特的排列则代表了素凯泰的员工各司其职为顾客提供贴心服务的态度。

　　酒店整体设计简约低调却不乏惊艳之笔。佛塔蜿蜒优雅的曲线，犹如一首婉转动人的古老曲调。步入酒店庭院，眼前的一切让你仿佛置身于电影《安娜与国王》，优雅的莲花池，多层屋顶，高耸的塔尖……这些都是有别于曼谷市区其他品牌酒店的特点。优美的花园和水景，混合了古典泰国皇室及现代摩登的雕塑和建筑，且带有一些佛家的禅味，无时无刻不让人联想到在曼谷北部数百公里的素凯泰遗迹。

　　客房设计灵感同样源自古都素凯泰。酒店将现代内饰设计和纯正泰式元素共冶一炉，演绎出经典新潮的独特风格。酒店的客房有高级客房、庭院客房、行政套房、豪华套房和花园套房五种类型，在内部装饰上，配备深色柚木和顶级泰国丝绸装饰，尽显泰式奢华风范。尤其是花园套房，套房内有可俯瞰中央庭院，房内空间宽敞，顶棚高耸，布局开阔。房内装饰着Jim Thompson的泰式布料、丝绸覆盖的家具和灰泥雕塑，设计细节精致唯美，无可挑剔。置身其间，仿佛身处13世纪的素凯泰宫殿沙龙。

　　"园中有园"的设计也非常出彩，设计师预留了大片的花园绿地，大楼中庭也采取泰邦皇室宫殿的护乡河设计，大量水池，隔绝城市的喧嚣，给住客们独留一份属于自己的一片欢乐小天地。🔲

| 1 | 2 |
| | 3 |

1　公共空间
2　餐厅
3　景观水池

1		3	4
2		5	

1 餐厅外观

2 客房外观

3-5 客房

远野·莫干书舍
MOGAN ACADEMY

| 摄　　影 | 孙磊、ingallery、简直建筑-空间摄影 |
| 资料提供 | gad·line+ studio |

地　　点	中国德清市莫干溪谷
设计公司	gad·line+ studio（建筑、室内、景观设计）
	浙江绿城建筑设计有限公司（结构机电设计）
主持建筑师	孟凡浩
建筑设计	孟凡浩、陶涛、周超、邢舒、万云程、范圳
景观设计	李上阳、金剑波、池晓媚、苏陈娟
室内设计	金鑫、张宁、王丽婕、赵嘉琦、胡晋玮
结构设计	任光勇、卢哲刚
机电设计	崔大梁、房园园、陈谨菡、刘浩、李翔
建筑面积	552m²
业　　主	融创东南区域集团
结　　构	钢筋混凝土框架、钢筋混凝土剪力墙
材　　料	夯土涂料、毛石贴面、竹木外墙板、玻璃、铝板、水泥瓦
竣工时间	2019年

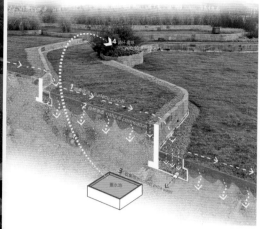

| 1 | 2 | 3 |
| | | 4 |

1　鸟瞰，建筑、景观及远处稻田（© 孙磊）
2　雨水回收（©gad·line+ studio）
3　书舍南立面（©ingallery）
4　角部空间打开的书舍（© 孙磊）

项目位于德清市莫干山东麓，生于五个原生溪谷之间，基地保留了现有农田肌理及通透幽长的山谷视廊，以稻田原乡为特色，在溪谷中营造阡陌纵横的田野韵味。此处也是农耕博物园的所在地，是充实和融合农耕历史文化内涵的窗口。

远野·莫干书舍坐落在青山绿野间，少了些城市喧嚣，多了一份返璞归真，面对地块独特的自然资源，line+ 提出了两个设计原则：一是与现代生活的品质需求相匹配，不失城市舒适的居住体验和高品质完成度；二是应与当地环境契合相生，营造乡野的居住体验。

面对诉求，设计师以营造一种自然生活为景、古朴文化为心的当代高品质乡村生活为理念。传统乡村和现代诠释，粗糙质朴的夯土材料和细腻精致的幕墙构造……line+ 希望通过这两者的融合让这个房子成为城市生活和乡村体验的混合体，探索城市反哺乡村的另一种可能性。

项目由一个面积 140m² 的书舍和 7 间客房组成。

建筑、室内、景观一体化的工作模式也贯穿项目始终，设计思想和专业知识的相互渗透，以相同的设计理念及延续的设计语言构筑一个共同理想。最后整个建筑体现出强烈的整体感，让我们坚定了采用此种工作模式的信念。

书舍："悬挑的屋顶"

书舍给乡村生活提供了文化空间和公共社交场所。其设计首先将角部空间打开，让内外空间完全交融，同时也拥有朝向农田的最佳视野；其次，厚板折板屋顶结构采用整体厚板结构，实现了无梁大空间，以保证空间的自由与纯粹。

为了匹配角部打开的结构空间，设计师精心选择了全球最专业的折叠门厂家，提供满足所有设计要素的 L 型的折叠外门系统，实现了转角无立柱、大划分的视觉效果。

书舍的室内空间强化建筑、结构所表达的概念 ——"悬挑的屋顶"，将入口、书吧、卫生间作为一个有肌理的背景存在，把所有活动空间、视觉重点"推"到了建筑打开的"L"型转角处。在家居布置及空间分隔上考虑功能通用性，灵活划分。

材料运用上，"背景"部分大量运用木纹饰面，增加亲和力和整体性。室内空间与室外延伸处，运用金属杆件、真空石板、亚克力灯管等纹理精致、对比强烈的材料，增加视觉效果，打造空间的中心。屋顶的木纹与结构走向保持一致，地面的木地板与户外竹木地板色系高度统一，建筑、室内、景观浑然天成。

客房：精致乡村的新体验

客房依据地势，面向农田、山林以最大的景观面展开，选择低层的小尺度建筑体量来还原乡村风貌。

客房单体建筑的屋顶选择传统双坡屋

I 客房
2 书店、咖啡吧
3 平台

0　5　10(m)

| I | | 4 | 5 |
| 2 | 3 | | |

I　书舍内景（© 孙磊）

2.3　书舍内景（©ingallery）

4　总平面（©gad · line+studio）

5　一层平面（©gad · line+studio）

顶形制，但采用现代材料和工艺做法进行诠释。屋顶瓦与檐口的交接采用金属收口，提升设计的精致感，也减少各种瓦屋面装饰配件，降低成本。

墙面材料以质朴的夯土、毛石、竹木墙板为主要基调，强调建筑的生长感和在地性。门窗部分采用成熟的铝合金门窗系统，在交接部位增加了金属型材收口等细部节点，试图营造质朴而不失精致的当代乡村新审美。

客房室内空间依然强化整体建筑概念。从空间上，将公共空间（客厅、活动空间）推向阳台区域，使客人的活动范围扩大，更好地享受户外的景观，享受不同于城市的生活体验。将卧室区后移至稳定区域，与卫生间形成可分可合的两个部分，彼此独立、互不干扰。

同时，保留建筑室外一部分材料与肌理的向内延伸，外墙夯土肌理漆经过处理，运用在立面装饰上，体现与城市酒店所不同的特殊韵味。

景观：自然场地的再创作

景观设计同样希望构建人与自然交流的新渠道，从场地本质出发，集合生态、空间、农耕文化，将几何形式融入生态思考，展示场地特有的乡村特性。

以自东南向西北、沿山坡而下的阶梯形式梳理山体地形，推敲层级和边缘，增加多种朝向，激化空间碰撞。上层构成聚拢式内向空间，鼓励相互交流，下层构成开放式空间，饱览稻田风光，由此在单向的山坡上提供多样的动态体验。

体型结构修改了山坡原有的坡度，使用多阶挡土墙稳固山体，于挡土墙根部设置了排水渠，引导地表径流，覆有植被的表面增强可渗透性，保护当地生态环境。

丰富的空间体量提供与当地种植模式相符的结构，在多年草本植物和当地经济作物之间进行轮耕，以修养土壤，提供可持续种植及发展潜在于农业的可能性。引入的植物对场地环境具有优化意义，成片栽种较高的细茎针茅、狼尾草和花叶蒲苇，

边界点缀婆婆纳、络石、落新妇等植株，以固土护坡，净化水质，形成简洁、舒畅的空间序列。

书舍前以湖石铺底的圆形水池，稻田间定格自然动态的的飞鸟雕塑，独特网格结构垒叠的石墙，就地取景取材，并融入现代审美和设计手法，是对自然场地的再创作，也是努力以最直观的语言去表达自然。

结语

我们所提的"乡村"，不仅是"乡愁"里的乡村。它不仅是旧时记忆的复刻，我们需要呈现的乡村是充满机遇与格局的生产现场，是文化交织交融的延续及变革，以及技术产业提升所带来的新的活力体。

在此设计中，line+拒绝风格层面的复古与怀旧，我们用当代的建筑材料、建造手段、建筑细节来体现时代精神和现代构造的精致感。自然与城市、往昔与未来、"乡村"和"国际"正在交融互补，并行生长。END

1　客房北向立面（© 孙磊）

2　夯土材料与金属型材（© 孙磊）

3　客房与远山（© 孙磊）

4－6　客房内景（© 孙磊）

香港瑞吉酒店
ST REGIS HONG KONG

| 撰　　文 | 鑫雨 |
| 资料提供 | 香港瑞吉酒店 |

地　　点	香港湾仔港湾径1号
建筑设计	刘荣广武振民建筑事务所
室内设计	傅厚民
开业时间	2019年

```
1 | 2
  | 3
```

1 客厅一隅

2 酒店外观

3 艺术品与特制的楼梯

香港瑞吉酒店堪称一项建筑杰作，精雕细琢的摩天楼宇宛若一枚璀璨夺目的珠宝般引人入胜。在室内设计师傅厚民的匠心打造下，酒店融经典元素与时尚精致格调于一体，巧妙地彰显了香港的多元文化与典雅韵味。在这方奢华迷人的空间内，标志性的设计元素与工艺细节处处可见。

傅厚民借鉴了自身在香港成长的记忆及纽约瑞吉酒店的特色，创建出一种为款待宾客而生的居家氛围，和一处适宜相聚的理想场所。酒店共设有 27 个楼层，共有 129 间客房，分别为 112 间客房和 17 间套房。房型面积为 50m²~240m²，在寸土寸金的香港可谓十分豪华的配置了。古代宫灯造型的灯饰充满了古韵情调，人们可以在酒店内同时体验到"旧日"与"今日"的香港，既新又旧，推陈出新，兼容并蓄而创意无限。

屏风是傅厚民的重要个人符号，而他为香港瑞吉酒店度身定制的屏风镶板是贯穿全店的灵魂元素。如果你在酒店周围闲逛时偶遇港湾消防局，一定会对其红彤彤的折叠门产生莫名的亲切感。

L'Envol 法式餐厅采用柔和的奶油色和米色装饰，是傅厚民对当代法式沙龙的诠释，融合了高级时装和高级烹饪的高级美食。手绘的丝绸壁画充满金色，象牙卡拉拉大理石在脚下传达出奢华和魅力。主要用餐区俯瞰开放式厨房，并在长 3.3m 的大理石桌子两侧以长椅风格布置。定制的六角形吊灯由古董黄铜和珍贵的象牙玛瑙组成，悬挂在顶棚上。《在边缘》（ On The Edge ）是由傅厚民选择的艺术家 Helaine Blumenfeld 的抽象大理石雕塑，因其诗意的特质，成为该房间的核心。私人房间还配有法国概念艺术家 Laurent Grasso 的帆布作品。

润中餐厅的设计灵感来自中国传统的茶亭建筑——在一个亭子里插入一个淡色的橡木亭子。展馆是一个抽象的建筑表达，有着错综复杂的相互关联的细节，类似于中国传统建筑，通过贯穿整个结构的几何建筑形式来表达空间。此外，整体铸造的玻璃灯笼为整个视觉体验增添了现代感。灰褐色，灰色和棕色的朱红色漆面色调参考中国建筑色调。两间私人用餐室均设有自己的休息区以及超大规模的铸造玻璃吊灯。

酒店的亮点之一是酒吧，它颂扬了纽约老城和香港的氛围，丰富的暖色调，粗花呢和黄铜细节以及青铜橡木镶板和橄榄色皮革内饰为酒吧营造出温馨舒适的氛围。其中一幅核心作品是北京艺术家张弓的手绘壁画，其灵感来自纽约瑞吉酒店的类似壁画，描绘了许多香港最著名的历史特色，如旧湾仔，香港天星小轮，香港维多利亚港拥有丰富的植被和天然植物以及与旧建筑相映成趣的多彩街景。END

1	3
2	4

1-4 大堂

1 酒吧

2 餐厅

3 SPA 入口

1	
2	
3	

1-3　客房

海派家具与近代上海 Art Deco 室内设计

撰 文 | 汪洋（同济大学 风景园林学）

摘要：装饰艺术风格（以下称 Art Deco）室内流行于 20 世纪二三十年代的上海，其室内使用的家具以"海派"家具最为盛行，是 Art Deco 风格在上海家具业中最具代表性的文化现象之一，因此在"海派文化"里，海派家具被称为"阿蒂克家具"（Art Deco 的音译）或"摩登家具"，本文试图通过对于海派家具的深入研究和理解，全面还原近代上海室内设计中的 Art Deco 风格以及两者之间的内在联系。

关键词：装饰艺术风格（Art Deco）、海派家具、近代上海、内在联系

图1

图2

图3

Art Deco 室内流行于 20 世纪二三十年代的上海，从当时的历史照片中不难看出其室内使用的家具以"海派"家具最为盛行，俗称上海老家具，是 Art Deco 风格在上海家具业中最具代表性的文化现象之一，因此在"海派文化"里也将海派家具称为"阿蒂克家具"（Art Deco 的音译）或"摩登家具"，如鲍立克设计的百老汇大厦室内（图1）以及华信建筑师事务所设计的陈宅室内均大部分采用海派家具（图2）。海派家具除了在设计语言上受到 Art Deco 风格的影响外，更多的是 Art Deco 风格那独有的兼容性、包容性和灵活性给海派家具留下极大的可能性，形成了中西家具相互影响，共同发展的局面，最后形成了中国近代家具史中一个重要的流派和分支。同时，由于海派家具在 Art Deco 室内中大量的使用，也成为上海 Art Deco 室内设计中一道独特的风景线，可以这么说，没有海派家具的上海 Art Deco 室内是不完整的。Art Deco 基因是文化的精神，如果说室内设计是 Art Deco 的空间载体，那海派家具则是 Art Deco 精神的物化形式。

1. 海派家具的形成与发展

上海在开埠之前，家具风格多以吴越家具为主，材质也多选用硬木，尤其以红木居多。明代中叶，上海家具就早已起源，

在上海的南市地区，出现过家具街，在此期间，上海的家具具有典型的江南中式家具风格。1843 年上海开埠后，随着越来越多的洋人来到上海，种类繁多的西式风格的家具也涌入上海市场，加之当时国内的洋务派、新派人士对西式家具的偏爱，进一步促进了西式家具的销售。一些生产西式家具的公司也应运而生，1885 年英国商人在上海凤阳路开设首家福利公司家具厂。此时的上海，西洋家具还是比较小众，大多数中国人还不太倾向于西式家具，仍然比较习惯于传统的中式家具。从 20 世纪初到 40 年代，上海的家具行业得到了空前的发展，不管是中式家具还是西式家具在这一时期都得到了长足的发展，其中一家大型的英国家具公司于 1905 年在上海南京路成立专门的美艺木器装饰公司，设计师从国外聘请，木工、沙发工、漆工等从上海本地雇用，专门生产制造高端的西式风格的古典家具。

20 世纪最初的十几年里，中国发生了巨大的变革，新文化运动和国民革命使得中国人的思想开始解放，在上海的中产阶级、文化人士、工商业者都开始追捧原汁原味的西式家具。同时，上海房地产的兴盛导致各种新型的公共建筑拔地而起，西式家具开始在上海传统家庭中也盛行起来，四大百货——先施、永安、新新、大新公司——均设有家具供应。与此同

时，上海本土的家具商户也纷纷开业。水明昌、森大等在上海著名的大型家具公司在 20 世纪二三十年代先后建立，规模稍微小一点的家具店例如精艺、华孚、申泰、金安、康乐等也在上海具有了一定的影响力。据资料记载，1936 年开设的家具商户已达到 83 家之多，主要集中在黄浦等闹市地段。

因此，海派家具是将中式和西式家具充分发展的前提下，一次又一次的冲突和融合过程中，不断完善并最终形成了中西兼容的风格特征。从本质上说，海派家具是在本土家具文化的基础上，进一步借鉴、吸收、融合了西方家具的特点，兼收并蓄，从而形成的一种特有风格。

2. 海派家具的特征

海派家具产生于 Art Deco 精神影响下的上海，那就注定了海派家具的开放和包容性，它不是单纯、具体地按照某种流派或者某个时期的风格进行模仿，而是崇尚开放包容，可以融合各个国家和民族的风格。因此，海派家具普遍的适应性使其可以满足不同城市、不同家庭的需求，具有多元的审美元素，每一款都显得独一无二、与众不同。于是，彰显兼容并蓄气质和国际化风格的海派家具在中西式家具的相互竞争和融合中逐渐找寻出了一条属于自己的道路，形成了其独有的特征。

（1）样式多变

在常规的中式家具中，主要有桌案类、柜架类、床榻类、椅凳类等几种类别，而海派家具充分融合了西洋家具中的某些元素，更加追求家具舒适性、实用性与功能性的统一。西方家具给上海带来了新颖的家具样式，如大衣橱、五斗橱、床头柜、

片子床、转椅、写字台、书橱、西式长餐桌、玻璃酒柜等。如雕花片子床打破了传统中式床三边只能单侧上床的风格，借鉴西式元素，首尾挡上，可以从左右两侧上床，同时搭配床头小柜及床尾几；独挺圆桌和五斗柜也是在西洋家具的影响下创造出来的新式样。这些深受西方家具影响的新式家具品类给"摩登"生活提供了新的功能（图 3~6）。

（2）功能改良

海派家具独具匠心的功能性也是值得一提的另一大特点，这也是受到来自西方家具中与众不同的形式和功能的影响，例如转椅的设计，是为了解决办公室书写和起身时要移动椅子或在不同台面上交替工作时的不便，可以大大提高工作效率。

海派单体家具本身的多功能性也是一个发展趋势，"活面"做法是当时海派家具中比较常见的一种做法，即座椅的座面和靠背可拆卸翻转，一面为软包，一面为光面，这是一种构思巧妙的改良设计。家具的收纳问题一直是家具行业的一大难题，从古代的交椅到当代各式各样的折叠家具，都体现了人们对家具收纳等功能的不断追求和探索，海派家具对此也进行了积极的探索和尝试，例如海派收纳凳，一大套小、环环相套的结构大大节省了室内空间。家具的多功能使用也是海派家具的一大特色，平时的餐椅通过巧妙地结构设计可以变形成为一个梯子（图 7~10）。

（3）舒适实用

在中国传统文化中，要求人们的坐姿要端端正正，这种"礼"的思想也影响到了中式家具的形体和材质中去，硬木的材质本身很难与人体形成完美的契合。这与

图4

图5

图6

图7

图8

图9

图10

图11　图12　图13

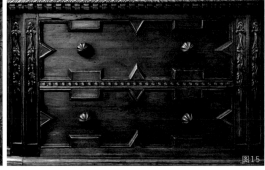

图14　图15　图16

当时传入的西式家具相比，就显得"违背人性"。因此，中式家具收到西式家具对于舒适性的考量后，对传统的木质家具进行了改良，使用一些材质比较软的纺织品对原有的木质家具中比较硬的部位加以包裹，同时采用质地特别柔软的填充物及皮垫软包在椅子的靠背和坐垫部分，虽然舒适性的设计与中国文化传统中讲究坐姿和坐相的威严和端庄有些相悖，但类似翼状椅、贵妃椅等普遍采用了比较舒适的软包椅垫，在很大程度上刺激了人们的使用意愿和坐感体验。我们不难发现，海派家具和传统家具相比，舒适性和实用性上的提升是极其明显的（图11、12）。

（4）装饰丰富

受传统文化影响，中式家具在雕花纹饰上普遍采用龙纹、云头纹、冰裂纹、万字纹、拐子纹等以及"福""禄""寿""喜"等字样。海派家具在借鉴西方设计的同时开始研究西式家具的装饰技巧，并逐步采用各种自然界的花卉绿植等来代替中式家具的纹饰（图13~15）。

（5）新型工艺与材料

在新型工艺方面，随着工业革命的到来，现代化机器的使用，一方面提高了工作效率，保证了质量，为海派家具供应了许多优质的原材料；另一方面，使用机床进行旋木雕花、曲木技术，环形、球形、圆柱形的腿、脚，不仅展示出机器加工的特点，而且又体现了一种艺术性，起到了点缀装饰的目的。在海派家具中普遍使用的欧式圆柱腿以及常见的杆状结构等，就主要得益于木工车床的使用，它在很大程度上推动、促进了这种家具类型的普及。谈到家具油漆工艺，通常有两种：一种是中国漆，对于工艺比较复杂的红木和白木等中式家具普遍采用这种漆；西式家具大多采用西式漆——腊克漆。而这两种漆在中西式家具的加工制造中也逐渐融合，同时使用两种油漆。

在材料方面，胶合板的产生改变了20世纪30年代之前大量依靠实木工艺的做法，从而引起了家具结构的变革，中式家具和西式家具进一步融合，样式更加多样化、新颖化，从而上海家具迎来了发展的成熟期。此外，薄皮胶贴工艺的面板能够依据装饰和不同的需求，合理选择材料并进行设计，一方面使木材原有的纹路与颜色加以保留，另一方面又避免了复杂的加工过程，使产品的质量和数量都得到了空前的提高，充分利用了工业革命机械化的成果。从效果上来说，薄皮胶贴工艺可以使得整套家具纹理一致、对花。20世纪30年代中期，上海家具采用胶合板贴薄皮在家具业中已普遍流行。另外，在海派家具中藤柳编织工艺也曾经风靡一时，其中所使用的高品质的滕料基本都是从国外进口，其设计比较独特，起到很强的装饰效果。玻璃制造工艺尽管在我国春秋时期就已出现，但是多数都用来制造工艺品，被用于家具制作则是受到西方的影响，并将其运用在新式的玻璃书柜与镜台上（图16）。ᴇɴᴅ

参考文献：

1.《家具装饰图案与风格》，唐开军，北京：中国建筑工业出版社，2004

2.《中国家具鉴定与欣赏》，胡文彦，上海：上海古籍出版社，1995

3.《装饰艺术运动》，高兵强，上海辞书出版社，2012年2月第一版

4.《明式家具研究》，袁荃猷，三联书店，2008

5.《Art Deco的源与流——中西"摩登建筑"关系研究》，许乙弘，东南大学出版社，2006年10月

6.《民国家具》，姜维群，北京联合出版公司，2014年1月第1版

7.《世界现代设计史》，王受之，新世纪出版社，2001年

8.《中国近代建筑史 第四卷》，赖德霖 伍江主编，中国建筑工业出版社，2016年6月第一版

图16 毕尔巴鄂古根海姆博物馆(设计:弗兰克·盖里)

设计寻本

撰文／摄影 ┃ 叶铮（上海应用技术大学）

矛盾与不确定性，始终是室内设计所面临的尴尬。相互纠缠的许多问题，似乎让这个领域理不清剪还乱。

世界各地对待室内设计态度相距甚远，有些地区十分淡化，而有些地区却风生水起；虽说室内设计的行为由来已久，跨度几乎等同建筑史，但真正形成自身的历史不过一百余年；室内设计遍及社会生活的方方面面，而自身理论建树却颇为稀奇可怜；虽然持续为社会提供数值可观的经济产值，但室内设计行业自身地位始终受到轻视；从业人数在我国不断扩展，而从业成员的素养质量却不断跌落；随着市场需求日益增加，室内设计人员反而急剧流失；不少室内设计师们明明干着"苦

逼"的活，却爱唱着"装腔"的调；在各种貌似深刻的高论之下，往往是愚蠢的躁狂……

这到底是一个怎样的领域？它存在的根本理由是什么？

一、设计寻本

一个有意味的发现是：往往在一些发达国家，对室内设计的依赖度却是相对见低，甚至这些国家在大学设计学科的设置中，几乎难以发现室内设计这一科目，比如日本、北欧诸国……而在我国，室内设计教学几乎遍及所有大专院校，全社会对装修的依赖度也空前高涨。这不由地令人

思考，室内设计最终到底为何而存在，为什么而服务，这是一个怎么样的专业，它的必然性是什么？

如果要问寻室内设计之本，就从它最终擅长为什么对象服务，或什么样的空间最依赖于室内设计这个问题开始。

现实中，室内设计所能服务的空间几乎惠及日常生活的各个方面。但进一步观察，主要有两大类空间对室内设计的需求和依赖程度最高。也就是说：如果当下没有室内设计的全面介入，这两类空间对象几乎难以实现其存在的目标，或是对其追求的使命大打折扣。这两类空间便是："炫耀性空间"与"享乐性空间"。

所谓"炫耀性空间"，就是力图以展

图1 巴黎歌剧院(设计:让·路易·查尔斯·加尼)　　　　　　　　　　　　　　　　　　　　　　　　图2 上海四季酒店中餐厅(设计:伍仲匡;图片来源于网络)

现其地位、权势、财富、身份为目标的空间。其案例不胜枚举:从历史上的各朝皇宫、恢宏教堂,到当下的权利中心、金融中心、企业总部,甚至近几年流行的地产售楼处等比比皆是。而所谓"享乐性空间",则以追求各类世俗欲望的体验与满足为目标,其空间类型亦常多于"炫耀性空间"的类型,通常有大型赌场、夜店会所、豪华酒店、高档餐饮、奢华住宅等。进而更有些空间兼备上述两大特征。

其实,从上述"炫耀"与"享乐"两大空间对室内设计的高度依赖中,可以窥见其最初始的专业底色与本性。之所以这两类空间对室内设计有如此需求,那无非因为"装饰"是室内设计中最见长的艺术表现形式,而"装饰"恰恰又是"炫耀"与"享乐"最情有独钟的选择。于是,"装饰"成了人性中追求"炫耀"与"享乐"的行而上代言,成了反映室内设计本性的标签。而在排除以"炫耀"与"享乐"为目标的其他各类型空间中,对空间装饰的表现,将不同程度的相形见绌,甚至无所需求。

因此说,面对上述两大目标的服务对象,室内设计与其他相近设计门类相比,无疑占居绝对优势,已然没有其他竞争对手存在。反之,在不以上述两大目标的服务对象中,余下的诸多目标需求,均相继被建筑设计、产品设计等相关专业代替。

至此,室内设计的存在将面临生死存亡之威胁。

从室内设计对"炫耀"与"享乐"服务所体现出来的不可替代性地位,可反映其设计存在的根本性,不是当下业内常说的"问题的解决"、"功能的落实"、"财富的创造"等之类的说辞,而是本质上为了实现一种精神认同、文化慰藉、审美创造,哪怕如此的"精神"时常不为人们的理性与价值观所赞同。

二、精神两面性

虽说室内设计的初始本性最合适服务于"炫耀"与"享乐",似乎专业的原始基因不甚理想,但本质上仍归属于精神范畴,同样是对精神理想、文化慰藉、审美品格的追求。其他更多范畴的问题,在室内设计中只能相对成为伴随性要求而退居从属地位。

诚然,室内设计的精神性表述又可分为两个部分,作为对初始底色的平衡,表现为精神两面性。

其一,主要是以初始装饰化为手段,凭借图形图案的界面填充,追求空间的炫耀或享乐,旨在实现人性欲望的图式化。古往今来,不论是传统中式的官派风格,还是当下盛行的所谓"新中式"的俗套装

饰表现;抑或是西方传统的装饰空间,以及一些当代红极一时的商业设计手法等,均属此层面。而且此层面类型往往在室内设计的领域中占绝大多数比例,期间,也曾产生一些在设计领域中富有建树的优秀作品(图1~3)。

其二,在精神追求的两面性中,同时存在另一层面的内容境界,即追求"去装饰"化的立场,呈现空间的简单、朴素、理性、优雅的理想,乃至超然的场所精神,进而获得设计的崇高与诗意,创造出空间的神圣感。此类空间在东西方室内设计中,虽然占有比例相对甚少,但仍有相当优秀的案例存在,并默默体现出一种低敛高尚的道德精神,融合在日常生活中,起着无声的教化作用(图4~7)。

从上述精神两面性中可见,虽然室内设计的初始使命似乎不太高尚,装饰化表达是其存在的主要语言,但基于专业存在的根本性仍是归属于精神表述层面,所以在精神理想中寻求一条更为崇高之路,是开拓室内设计专业发展进化的第二条道路。

审美个性的精神性体现,终将是室内设计最终的核心使命,是其存在的根本理由。

三、第三条道路

从上述精神两面性可见,室内设计的

图3 广州W酒店(设计:乔治·雅布)　　　　　图4 萨伏伊别墅(设计:勒·柯布西耶)　　　　　图5 既下山·梅里酒店(设计:谢柯;图片来源于网络)

存在使命,不论其自觉与否,归根结蒂都是为了"精神理想,文化归属"。倘若不以精神两面性为目标选择,是否存在第三条道路呢?

室内设计的精神两面性,本是不同世界观、价值观、人生观的选择与对抗,如果跳出设计精神两面性为自觉追求的目标,继而寻求第三条道路的发展,那么,无疑可选择室内设计作为一门广义技术范畴的对象,将专业自律性与独立性作为最高目标,以设计自身表现语言为研究方向,拓展室内设计的空间表现形式,旨在创建空间审美范式,即通常所说的"原型模式创造",使室内设计从时代文化意念与精神理想的终极使命中,孕育出崭新的空间形式语言,以及在原型模式之下追求室内设计师的个性风格。终使作品不仅充满较高的专业技术含量,更是充满激荡人心的艺术震撼力(此艺术非指传统意义上的艺术品创造),并直抵人心!而不断拓新的原型模式,才是设计史发展的核心动因,更是室内设计从一门被动服务史成长为一门具有独立学科价值的专业史保障。

如此对原型模式创造的案例与大师,在设计史上不胜枚举。除了建筑史上那些不朽的经典原型模式外(图8、9),在室内设计领域,迎来了从1995至2005的十年辉煌,期间产生了一大批具有全球影响力的室内设计原型模式与大师。例如:马来西亚的贾雅(Jaya Ibrahim),他成功地将东方地域文化同西方现代化语境相融合,并开创了新的东方式空间审美模式;日本的杉本贵志(Takashi Sugimoto),则创造性地运用现代构成手法,将空间器物的排列与材质切面肌理物化为时间的相貌,使空间成为时间的容器,形成了兼融东西方文化的室内设计模式;法国鬼才菲利普·斯塔克(Philippe Starck)所展示的充满魅力与新奇的造型语境,他使环境中的物件相互产生神秘的关联性,赋予视觉以前所未有的感知,并短暂引领了一场新装饰文化的时尚风潮;还有以美国HBA为代表的一批人,致力建构当代奢华商业文化,运用折中主义的混合装饰语言,打造世纪之交的酒店室内设计模式,及新兴资本权贵的文化语言……(图10~13)

当然,更多还有来自建筑的空间原型模式,如:勒·柯布西耶(Le Corbusier)所设计的以萨伏伊别墅为代表的一系列作品,开创了现代主义的造型语言模式;密斯·凡·德·罗(Ludwig Mies Van der Rohe)的巴塞罗那德国馆成为极简主义与现代流动空间的先驱典范,中止了"建筑是凝固的音乐"这一传统观念;弗兰克·盖里(Frank Owen Gehry)的西班牙古根海姆博物馆,打破了"空间是平面的长高"这一思维定式,开始了后现代的建筑形态;以及以伦佐·皮亚诺(Renzo Piano)为代表的高技派所带来的工业风模式等,均对室内设计产生了深远影响(图14~16)。

而当下国内崭露的一批本土优秀室内设计师,虽无原型创造的学术高度,但在设计语言的纵深性与创造性探寻中,沿袭着第三条道路的发展,正在形成自身的设计语言,获得了有目共睹的设计成就(图17)。

如此,这种建立在室内设计专业自律性研究之上,并将专业自身的独立性探索作为一种广意技术发展之道,是存在于前述两面性选择之外的第三条道路。同时,也是传统意义上室内设计的拓展。而此刻的室内设计,已然从一个文化表现的次生产品,以服务社会精神追求与身份粉饰为目标的从属性地位,上升为以表现自身魅力为终极追求的新专业层面。使作品专业性表现价值,同时成为超越作品服务对象所需求的价值。并最终将汇聚成一部具有独立意志的专业发展历史,从次生性专业历史的命运中，逐渐进化成具有主体性与自主性文化视野的专业历史，完成了设计服务与被服务的精神互换，这便是基于传统意义上，室内设计学发展的第三条道路。

四、存在之根本性

相比其他设计领域，室内设计其实是非常传统，非常接近艺术理想的设计领域，其存在方式与意识是始于农业文明，但又不断吻合现代技术发展的一个设计领域。它对艺术功效的追求，超出工业产品设计，甚至建筑设计。而室内设计的难点和核心，也恰好在于能通过空间要素，提供整体性的艺术感染力，同时又能兼容解决众多功能及技术问题。让审美创造寄身于现实需求的复杂纠缠中。

如果将室内设计师、现实需求、作品诞生这三者关系作梳理，则可发现：首先是设计师致力于对设计观念与审美理想的原型表述；再通过寄身于委托方的需求及各类功能技术问题的化解，实现其借腹怀孕的投胎过程；最终将其作品诞生，实现了理想的原型物化。这个寻求与匹配的借腹怀孕过程，则是室内设计师最为艰辛的历程，这点完全不同于纯艺术创作。一旦

室内设计作品成功落地，功能的暂时性在有限的时间内被空间形式逐渐淡化殆尽，而设计精神及审美价值的延续，将持续得更为久远，甚至成为专业史上的某一环节。而室内设计史的发展，不正是在于褪去当初功能需求之后的精神存在与形式创建吗？历史上那些经典不朽之作，在日渐褪却初始功能价值的同时，不正好是其在文化与精神上获得伟大价值的不断呈现吗！

室内设计存在的根本属性仍在于实现精神认同、文化认同、审美认同。凭借对环境场所的装饰，在空间中提供内心精神的慰藉与庇护、地位身份的粉饰与表演。而这一特性在设计史的延续中，更多是被"炫耀"、"享乐"的空间需求所利用。因而，对室内设计所伴随的其他系列机能的实现而言，虽有必要性，但非唯一性，不然，室内设计从本质上将不复存在。

从这一本性出发，室内设计其实是一种空间诗哲，是所有相近设计类型中，最接近艺术意念的设计类型。因而，不论室内设计的面貌如何日新月异，本质上还是十分传统的设计行为，也是文明史中最为持久的设计门类，更是一门集大成者的空间跨界设计学科，在设计大家庭中最富精神性与兼容性表现。

五、本性制约与现实过剩

关于"炫耀"与"享乐"两个难以代替的终极设计空间，有效证明了室内设计存在的根本动因，并非人们常说的"解决问题"、"实现功能"、"创造财富"……更不是以故作高深而又蔑视的口吻来刻意贬损设计的审美价值，而是本质上实现精神的空间物化与审美建构。

但精神物化的认同性往往伴随着不同的世界观而差异甚大，如前所述的精神两面性，不论其哪一面性质，终究以精神性选择为目标，并凭藉空间物化形式，最终诠释某种意念与文化的立场，由此决定了室内设计本性上的金字塔地位！

反复讨论这一问题的原因，在于当下室内设计与装修的热潮遍及人们日常生活各个方面，几乎成为一项全民文化运动，这全然与室内设计由精神本性所决定的设计金字塔地位相矛盾。一句话，室内设计的平民化与泛化与其本性不合！

室内设计永远就像皇冠上的宝石，尊贵而有限。否则过剩化将导致全社会营养过剩的中毒状态，这是公共资源的浪费，更是有失对室内设计本身的尊重，最终造成彼此受伤。请看那些电视节目中秀场般

图6 锦江之星酒店(设计:叶铮)

图7 东京法隆寺宝物馆(设计:谷口吉生)

图8 罗马万神庙(设计:哈德良皇帝)

图9 巴塞罗那德国馆(设计:密斯·凡·德·罗) 　　图10 迈阿密南滩时代酒店(设计:贾雅;图片来源于网络)

的"改造家"节目,在电视播出之后被当事人无情捣毁的事实便是最好的证明。那是社会对"设计正确"过度的讽刺,是弱势人群对精神强奸的反抗,更是对设计虚伪与设计装腔的回敬!

当下,专业本性与现实投胎不合的悲剧其实比比皆是。这也是为什么室内设计师这一职业如此苦逼的根源所在。认清这一问题,也就看清了室内设计先天的本性与现实供需之间理应存在的相互关系,也是反复讨论室内本性的意义之一。

因此,大多数的项目无需当下意义的室内设计介入,诚如普通人的草帽毕竟不同于皇冠,也就没有必要都嵌上一颗象征性的宝石。对于日常普通的使用空间,完全没必要被提升到室内设计这一高度,除非是面对那些有相当精神追求与文化高度的项目。哪怕只是为了实现"炫耀"或者"享乐"为目标的空间。

六、文化自卑与社会贫穷

为什么室内设计会在我们当下的社会习惯中如此急剧膨胀,以至于成为一项全民的文化运动?如此浩浩荡荡的从业大军,又与该专业本性有着何样的关联性呢?

关联性自然需回溯到最青睐室内设计的两大文化心理:"炫耀"与"享乐"。"炫耀"源自于长期积压的文化自卑;"享乐"则源自长期的社会贫穷。而由文化自卑和社会贫穷所导致对"炫耀"与"享乐"的追求,恰是室内设计伴随经济腾飞之际所顺其自然的结果。改革开放,社会进步,财富激增,这一切使长期被压抑的集体文化自卑与对奢华生活的向往得以井喷。如此迅速覆盖全国的装修热潮,其实是社会对长期贫穷生活的历史报复。于是,从昔日崇尚朴素到当下的奢侈放纵,使得人们处处要消费室内设计,户户要装修到位的现象,已然脱离了理性务实的观念立场。在短短二十多年间,如此非理性发展,不论是否必须,所有的空间场所一应被装修设计裹挟,室内设计师从业人数狂飙至几百万人次,几乎国内所有的大专院校,不论是否具备师资力量与教学条件,一应俱上,纷纷开设环境艺术设计、室内设计之类的专业。几近所有的商业空间或大量城市住宅,都相继追求五星级酒店般的装潢效果。至此,整个社会已无可避免不断升温的装修设计之风对每一个人的影响,崇拜权贵与奢靡由此成为一种文化时尚。

所以,室内设计与装修的全面崛起与扩展,对整个社会而言未必都是一件好事。它往往反映出社会的虚浮及人性的弱点,并不断陷入华丽背后的意识原罪。

精神的沦落始于享乐的迷恋。当然,这并非是从业者的过错,而是社会病了!

七、设计原罪

昌盛的室内设计时代,往往是经济发达而内心空虚的反映。室内设计,挟带着人性最原始的原罪。

如前所述,在设计领域,最依赖室内设计的就是"炫耀"与"享乐",这也恰好说明了室内存在之初的使命与原罪,并由此将原罪埋藏在"装饰"艺术的表象之中。其实,室内设计的前身就是室内装饰,这似乎已经天然决定了它光艳背后的基因构成。

如前所述,室内设计在本性上是归属于精神范畴。为寻求更宽广、更健康的发展可能,又可以将室内设计的精神本性分为两面性来理解,简而言之,即正向与负向两面性。

所有室内设计,在精神两面性中都将通过设计者的审美品性,真切的投射出不同的对应点,其真实性有甚语言文字的诚实性(请参见我写的《审美与道德》一文。)

反复论及室内设计的精神本性以及由此形成的两面性,其用意有二:一是认清

图11 界面构成·上海俏江南餐厅
(设计:杉本贵志;图片来源于作品集与拍摄拼贴)

图12 香港半岛酒店顶层餐厅
(设计:菲利普·斯塔克;图片来源来源于设计师作品集)

图13 香港君悦酒店
(设计:HBA;图片来源来源于设计师作品集)

本性的精神性所决定的专业金字塔供需层面,从而洞见当下过剩的从业服务现状;二是认清精神本性中所能存在的两面性,在透析其负面追求的同时,解读室内设计的原罪所在。以期使室内设计完成正向发展之路。

那么,室内设计的原罪是什么呢?

室内设计的原罪就是"装饰";室内设计师的原罪是"装腔"。

而装饰之所以成为罪过,是因在室内设计中,装饰往往成为了对权贵的炫耀包装和欲望的美化粉饰,是社会内心膨胀的文化图腾。"装饰"的发展最终迎合了人性中贪婪与伪善、矫情与虚浮之品性。所以说,"装饰成为原罪",是由于原罪始于"装饰"的不断聚集而同步发展,并且又作为室内设计存在之初最核心的价值表现。在此"装饰"仅作为一个名词对象,而非作为日常的动词来引伸理解。

而"装腔"是属于室内设计师的原罪,缘由很简单,就是欺世。世上的欺骗形形色色,但最为邪恶的莫过于精神性欺骗、认知性欺骗、公平性欺骗。而"装腔"恰巧就体现这类精神性欺骗的全部特征,其害远甚于小商小贩的物质性欺骗,如此精神性欺骗,好比一剂慢性毒药,被消磨的是社会的真诚与实事求是的品质。

反观东西方艺术历史,装饰的登峰造极,往往是一个社会内在虚空的反映,是一个时代行将衰亡的气息。一个人、一个社会、一个时代,正是因为这种由内而生的虚竭,方才寄托于装饰的华丽中。装饰是一种面对界面与内心虚空的双重填空。大凡充满思想能量的时代,理性、大气的艺术气息无处不充盈着整个社会文化与日常生活的方方面面,哪还需要装饰来支撑门面!

八、解读室内设计

什么是室内设计?简单而言:就是"合理性加高附加值":

合理性 + 高附加值 = 室内设计

室内设计,首先是基于空间的合理性安排,有了合理性,便获得了最基本的使用功能与项目存在先决条件。

同时,室内设计的主要使命是赋予空间高附加值。附加值越高,室内设计所体现的价值则越明显。

所谓"合理性",是一切退却文化语意与审美功效之后所余下的物理性机能,它服从的是功能性、技术性、经济性、法规性等要求。对空间"合理性"的落实,包括众多职业人群:如投资者、使用者、

管理者、建筑师、造价师、各类工程师、以及消防、卫生、治安等法规执行部门,当然也包括室内设计师在内。有时,室内设计师面对如上"合理性",更多的只是承担倾听、综合、协调的角色。

在室内设计项目中,真正发挥专业作用,具有独立专业价值的,仍是赋予空间在合理性基础上所创造的附加值效果。且对附加值的创造,仅仅限于室内设计师本身的工作范围。对此,室内设计师拥有完全的独立自主权,否则将带来设计师内心意志与专业尊严被扭曲强奸的感觉!而附加值所承载的内容,主要表现为审美形式的建构、场所精神的塑造、及室内设计师专业理想的呈现。

显然,室内设计应该是整个社会上层建筑的一部分,是一个位处设计金字塔尖端位置的专业。其服务对象并不适合仅以满足机能合理性为目标底线的项目。如果一个项目确立之初就已失去对其精神性内容的诉求而无需空间附加值的创造,那么,此类情况便无需室内设计师的介入。

九、另一种解读,两大特征

为方便解读室内设计的特征,试举一例。有一个小饭店,起初类似大排档方式,

图14 法国拉图雷特修道院(设计:勒·柯布西耶)

图15 毕尔巴鄂古根海姆博物馆(室内)
(设计:弗兰克·盖里)

图17 UR伦敦旗舰店(设计:余霖;图片来源于网络)

但日久名声渐起,顾客络绎不绝。小店决定停业装修,提高饭店品味。于是请来圈内著名的室内设计师,为其理想开启室内设计之旅,从此告别原先面貌,旨在使原小店更上一个层面。

由此可见,"使……更好",可以视为室内设计的另一种解说。"更好"是一种附加状态,而非完整独立和缘起本身;"更好"说明原本可以如此,已经存在,但换一种方式对待,将会变得更好。

"使……更好",意指更艺术化、人文化的表达。可谓皇冠上的一颗明珠,是走向一个更高起点的专业平台,与普通性相距甚远;"使……更好",还意味着该专业性质,无需拥有人数庞大而遍及社会生活方方面面的从业队伍。

所以,室内设计最合适的项目类型,自然是公共性空间、纪念性空间、体验性空间、展示性空间。而以普通家装为代表的日常性空间,不适合成为服务对象。

"使……更好",决定了室内设计的两大特征:即"依从性"、"卓越性"。

谈"依从性",是因为室内设计首先需寄身于建筑空间的先决条件中,继而又是以创造最大化附加值为终极使命。所以,室内设计的非独立和寄身性是其"依从性"

的第一大特征。它不同于建筑设计、产品设计等领域,都是一个从空白开始,到最终成品完成的全方位、独立性的完整过程。而"依从性"正是室内设计最致命的短板,也就是讲,倘如没有室内设计,建筑与产品设计完全可以将基本问题都落实解决。是否有必要进一步选择室内设计的介入,完全取决于它第二大特征的存在价值。

室内设计的第二大特征是"卓越性"。因为"使……更好"意味着室内设计在"依从性"的制约中,唯有表现出比建筑、产品设计更加的卓越,又能满足一切合理性的基础要求,方才有自身专业立身之本。所谓通常所说的"又好用,又好看"。而且,在此的"更好看"似乎比起建筑设计或工业产品设计而言,将显得更加重要。

"卓越性",由此即为锦上添花,成为化解其"依从性"先天短板的有效平衡。

由于室内设计这一非独立完整的局限性,致使"更好"成为它生命存在的最核心理由,亦是成为设计金字塔中,那颗皇冠上明珠的理由。由此可见,我们应该将依循默认文化模式的普通日常装修活动,与室内设计指导下追求理想意志的高档装修区别开来。一个社会真正对室内设计有需求的,仅仅是少数空间,倘若将绝大多

数帽子都视作皇冠一样对待,是多么荒诞!

那么,我们又如何面对民生设计呢!

十、可替代与不可替代

当下,人们对室内设计的特性与态度众说纷纭,体现出对专业本质的理解各有差异。

经常可以听见一些室内设计人士对此发表的高论,如:"美不重要……";"从不关心视觉……";"室内设计就是解决问题……"等。这些听来有理,貌似高深的言辞,往往难以真正令人苟同。

源于装饰的室内设计是一个依附性、寄生性极高的专业。如此次生性的设计门类,在大多数环境中多少则表现为可有可无。

当代室内设计的发展,亦同样试图规避其原罪与短板的制约,进而不断扩充自身专业的边界,追求功能至上、创造商业价值、传承文化理念、注重社会效益……,即不断地扩大自身存在的"合理性"地位。

然而,不断扩充的边界仍旧受之于本专业核心底色的控制,不管与时俱进的室内设计如何裹挟时代的科技、艺术、文化、商业、管理、规范、哲学等众多领域,室内设计由于其"依附性"与"卓越性"的

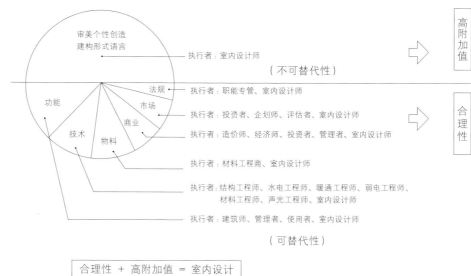

合理性 ＋ 高附加值 ＝ 室内设计

表1

特征，决定了当代室内设计必然成为"合理性"与"附加值"的统一体。

而统一体内则由不可代替的核心自主性与可代替的相关性两部分构成。所谓"可否替代"，意指对问题目标的落实除室内设计师外，是否还存在其他领域的专门人士，同样能对室内设计中的某些专项问题进行具体操作落实，甚至比室内设计师更具权威？而对于室内设计"可否替代"问题的讨论，其实就是对室内设计立身之本的再认识。

依据"合理性＋高附加值＝室内设计"这一定义，"合理性"部分往往是可被替代的部分。"附加值"部分却是室内设计中唯一不可被替代的部分。

可被替代的合理性部分，通常由设计功能、设计技术、设计物料、商业定位、市场分析、各类法规等内容构成。这些内容不仅可以由室内设计师来操作落实，更可有许多相关专业人士来执行落实，或者室内设计师更多处于协调工作（图表1）。

相反，不可被替代的高附加值部分的，首先只能归属于室内设计师的创造范畴，而且是具有唯一性特点。即对空间的审美创造，建构富有个性的设计模式，并基于设计的物质合理性，追随精神意念的自由

呈现（图表1）。

而实现室内设计最有难度的专业目标，恰好就是创造审美体验、建构形式语言、最终开创原型模型。通俗而言，就是设计水准的体现。

因此，可将室内设计分为两大对等的板块构成。其一，是室内设计唯一性的本质内容，即审美个性创造与精神性表述，亦是前述指出的"卓越性"所在；其二，则由各种不同专业内容共同构成，并且可被相关专业领域所替代，属于前述指出的"合理性"范畴。由此，在第二板块中，倘如缺失其中任何一项，室内设计虽有所损，却依然存在；而一旦从第一板块中剥离，室内设计即刻将不复存在。

室内设计的可替代与不可替代性，再一次证明了室内设计之本源问题。如果放弃唯一的不可替代性，室内设计余下的各个部分自然会回归建筑、产品、艺术等设计领域，而且人类漫长的文明史就是最好的佐证。

十一、分化与回归

让平常之事回归平常，并不意味着放弃在原自律性道路上的发展。纵然

"使……更好"成为室内设计的根本性使命，亦无需影响日常民生设计的与时俱进。

在保障传统室内设计金字塔地位的同时，绝大多数的普通空间，尤其是普通住宅，无需当下所谓的室内设计师一对一的定向服务。在同样满足功能需求及舒适便捷的前提下，室内设计的工业化、产品化、整合化发展，将是下一个专业发展的方向。以全新的室内空间产品设计师的角色，取代如今数以百万计追求个性化的室内设计师，这似乎成为未来分化的合理趋势。并且，室内、建筑、产品一体化设计与实施，也将是未来发展的另一显著方向，使室内设计在一个更高认知层面上回归建筑。

由此，传统的室内设计开始一分为二。只有在极为需要个性化精品体验，尤其是炫耀性与享乐性为终极目标的项目中，才相应存在杰出艺术家般卓越的室内设计师，一个继续传承延续传统价值为使命的室内设计师。

未来，标准化与系列化的室内整体空间产品，将占据绝大部分的日常生活，这似乎才是更为当代的设计意识，更是整合全社会资源来突破现有模式的专业方向。让社会文明的进程回归理性，回归常态。END

创邑 SPACE | 愚园
与历史"共享"的办公空间

撰　　文 | 何畅（同济大学建筑与城市规划学院）

摘要：历史建筑的保护与更新利用，一直是城市更新中绕不开的话题，历史建筑作为城市中的存量资产，需要有效地利用起来。文章以创邑 SPACE | 愚园办公园区中具有代表性的历史居住建筑更新改造项目为例，从园区规划、建筑空间、室内设计等方面去解读，探讨了历史建筑更新改造中，新的功能需求与原有空间在设计中的辩证关系，为未来历史建筑的更新改造提供了一定的参考和启示。

关键词：历史建筑改造、办公空间、共享空间、创邑 SPACE | 愚园

1	创邑 SPACE	愚园 园区鸟瞰
2	孙家花园外观
3	老洋房入口
4	新建铜框分析图
5	新建墙体分析图
6	铜的装饰面
7	置入的铜框
8	结构外露的公共空间

一、引言

随着互联网和共享经济的发展，产生了许多新兴的商业模式，比如共享单车、滴滴打车、共享充电宝等。共享经济潜移默化地改变着人们的生活习惯与工作方式，一种新兴的办公模式正在走进人们的生活——联合办公。这种共享公共空间、服务设施的办公模式，为来自不同行业的公司和个人提供了不同规模的办公与开放空间，人们可以在其中进行办公、休闲与交流，促进资源共享，体现了互联网时代的自由精神。

经济发展带动城市建设，20 世纪 90 年代，城市面临大规模的重建、开发以及社会发展需求，上海大量的历史建筑需要改造和再利用。武康路、愚园路上的历史建筑大多采用修旧如旧的保护方式，还原历史原貌的同时可作为名人故居或者小型博物馆，这样虽然还原了历史，却没有为建筑和城市注入新鲜的活力，历史建筑仍然缺少那一份生命力。共享办公时代的到来，为历史建筑的当代使用方式提供了新的思路，办公空间与历史建筑相结合，使其成为城市存量资产的同时赋予其新的用途；注入历史建筑以现代生命力，使其更好地融入现代都市氛围。

二、建筑形象的梳理与统一

1. 历史背景

位于上海市静安区愚园路 546 号的创邑 SPACE | 愚园联合办公创意园区（图 1），正是办公空间与历史建筑的一次碰撞与尝试。创邑 SPACE | 愚园由 11 栋风格各异的洋房、办公楼、商业等建筑组成，场地原

为上海市计算机技术研究所，其中两栋老洋房是 20 世纪初民国金融大亨、四明银行董事长兼总经理孙衡甫的旧居——孙家花园（图 2）。两幢洋房之间有过街楼相连接，堪称上海早期花园建筑中西合璧的典范。解放后，长江仪器厂入住，在洋房周围修建了高度不一的办公楼和仓库，"文革"后为上海计算技术研究所使用。总的看来，虽然园区内不乏珍贵的历史保护建筑，但由于各个建筑的建造年代不同，建筑风格杂乱无章，整体风貌有待改善。

2. 外部形象的重塑

砖作为最古老的建筑材料之一，标准的尺寸赋予了它极好的灵活性，无论建筑尺度大小，都可以表现其良好的质感和纹理，因此，砖的使用在建筑史的发展中具有重要地位。愚园路也不例外，基地周围的四明别墅、四明体育弄等都以红砖饰面，掩映在繁茂的绿树丛中，形成了"绿树红砖"的建筑风貌特色，给每一位从小生活在此的上海人留下了或深或浅的时代记忆。

在此背景下，规划方案思考了如何在改造中延续城市文脉，留住城市记忆。规划方案从愚园路的历史文化与建筑风貌中找到了"红砖"元素，从一块红砖开始，统一了园区里 11 栋历史建筑的立面风格：建筑以白色墙面为底，局部以不同组合形式的红砖装饰，通过红砖的铺装相联系，既统一了建筑形象，又划分了场地与城市环境之间的边界。

在 11 栋建筑中，1、2 号楼（孙家花园）是上海市历史文物保护建筑，位于园区中心，建筑面积约 1900m²。两栋建筑外立面保存较为完整，其入口通过红砖铺地和

装饰与建筑群相统一（图3）。建筑外立面的改造策略以保护、修缮为主，主要包括清理优化设备管线、传统门窗构件保护、屋面瓦片翻新、仿古真石漆喷涂、装饰线脚光源照明等等，力求再现民国时期洋房风貌特色。老洋房原本的红屋顶、壁雕以及墙壁的历史痕迹都被保留，外墙与入口的装饰均被赋以白色。纯净的白色材质通过光线的雕刻，凸显了立面中各个部分的细节，低调中透露着这两幢洋房的不平凡。窗户构件与轮廓与屋顶檐口用黑色勾勒，与纯白的外墙面形成鲜明对比的同时保留了老洋房历史的厚重感。

过去，老洋房作为银行家的私人别墅，经历了一个家族的兴衰历程。近百年来，周围的环境随时间变换，时过境迁之后，历经沧桑的老洋房在涅槃中重生，再次以耀眼的形象展示在大家面前。

三、空间布局的破与立

1. 破：内部空间的重构

为了适应新的时代需求，建筑内部空间功能改造是历史建筑融入现代生活的重要途径，建筑功能由住宅改为办公，必定需要对原始平面进行梳理，规整出更加合理的办公空间（图5）。虽然1、2号楼外立面保存较为完整，但内部空间几经易主，风格元素杂糅，空间无序，无法满足新的使用要求。因此，在控制成本与保留外观风貌的前提下，予舍予筑设计公司首先对老洋房的空间结构进行了梳理，通过在原有住宅平面基础上巧妙地增加墙体，让入驻单位与个人获得相对独立的办公空间，同时使公共空间的动线流畅，视野开阔。

除了空间格局的改变，予舍予筑为了让空间氛围满足办公人员的心理需求，将木材原本的颜色与肌理"打破"，再为室内原有的木制装饰都披上了一层米白色的外衣：木制的壁炉、门框、窗框、顶棚、楼梯的扶手栏杆等，它们在白墙的映衬下若隐若现，但又与墙面有所区别。虽然原木给人一种历史的厚重感，但白色的门框弱化了室内办公空间之间的边界，促进交流，同时窗框与黑色的金属构件形成鲜明的对比，让人不自觉地将视线聚焦在窗外，玻璃特有的透明性将室外那一抹绿色引入室内，使办公空间多了一丝轻松的氛围。

2. 立：现代办公氛围的塑造

将传统的居住空间格局与风格大胆"破局"之后，需要合适的空间氛围营造与之相匹配。功能混合的办公空间，强调自由与多元化的工作状态，改造后的办公空间，不仅仅需要对原有建筑空间加以利用，还需要用现代的元素对现有功能空间进行现代办公氛围的渲染，为老洋房注入新的灵魂以获新生。

不同材料的使用渲染不同的空间氛围，在材料的使用策略上，予舍予筑大胆引入古典意味更浓厚的金属材料——铜。选择将"铜"以体块的方式，镶嵌进古典主义的空间中（图7），一方面是为了怀念老洋房原有的主人银行家孙衡甫；另一方面，铜有着其他金属所不具备的特性，在反映历史的同时，现代工艺可以展现出不凡的品位与格调，提升了室内空间的质感。另外，予舍予筑在原始的建筑框架之中置入铜框，用铜勾勒出空间的边界，划分空间的层次，犹如画框一般，捕捉下现

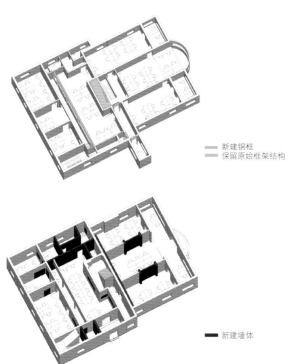

■ 新建铜框
■ 保留原始框架结构

■ 新建墙体

代工作和生活方式的图景，给使用者营造出了一种精致、舒适、有格调的办公环境（图4、6）。

作为办公区域延伸的罗马圆拱式窗台，予舍予筑采用了源于古希腊、盛行于古代罗马的艺术装饰——马赛克，不仅再现了这个平面上自带古罗马形制的半圆形空间的古典气质，还以此表示对过去的致敬。线条简炼优美的柯布西耶风格的灯具看似与窗台的古意相冲突，实际上正是灯具的现代感打破了传统空间的沉闷，就像时下共享的办公空间，打破了传统办公室的束缚，在这样极富创意的空间中工作，一定会事半功倍（图15）。

对于联合办公空间公共区域（图8）的打造，予舍予筑在将原本的隔墙及吊顶拆除后，露出了原始的建筑构造，通过保留原始结构的形式，留住记忆。混凝土梁柱上的痕迹所保留的，正是历史的印痕，

暴露出来的梁和柱，线条干净利落，与木质扶手和线形的顶灯一起勾勒出空间的轮廓，让现代的设计语言与原有的历史语言相互交织，就像这个空间被赋予的新使命一样，交流沟通。

历史建筑的保护与更新历来以修旧如旧为主，老洋房在这一次的"大手术"之后获得了"重生"，根据功能性质的不同而进行的创新型的改造与更新保护，让历史建筑更好地融入现代生活，最大程度地发挥出它们的价值。

四、室内细节的新与旧

老洋房内部装修的精美程度不输外观，予舍予筑力求在办公空间的现代和历史老宅的古典中寻找到某种完美的契合，将历史的记忆与新时代的审美融合进各种细节之中。正是这些新奇时尚和铭刻了历

史记忆的细节，让旧建筑与新功能在同一空间和谐共存，使得空间感受更加厚重与饱满。

予舍予筑对原有楼梯的法式栏杆进行了创新性修复，使其保有历史记忆的同时重获新生（图9~10）。木质的深色阶梯和米白色的栏杆扶手对比强烈，精美的雕刻和花纹彰显着原主人的审美和品味。空间中散发着上海海派文化的气息，在老洋房中上下，有一种在穿越回过去的感觉，但和楼梯相对的镜面铜饰面又将你拉回现代，转身之间，相隔百年。

如果说建筑是凝固的音乐，那会客厅墙上的木雕壁炉，就是老洋房历史乐章中一个小小的插曲。作为共享办公空间的会客厅，这里原是主人家的客厅，曾经宾客如云，高朋满座，昔日的盛景可以在残破的壁炉中略窥一二。予舍予筑将承载着时间印记的木雕壁炉从封印中解开，木雕后

的琉璃面砖因为距离现在年代久远，找不到合适的工匠与材料进行修复，只能保持现状。历史留下的痕迹与珐琅原本的墨绿的光泽，在白色墙面的映衬下，再次成为空间的焦点（图11~13）。

两个房间之间的双开门（图14）和二号楼会议室（图7）的顶棚横梁被保留下来，还原了这幢建筑20世纪30年代的装修风格；被时间精雕细刻的壁炉也显得沉静有力，为了不打破这份沉稳与质感，深灰绒面的沙发和纯净简约的办公桌不论在质感还是颜色的选择上，都尽量地去符合老洋房的历史氛围，现代化的材料和形态拉近了现在与过去的距离。

铜的使用不仅仅在大面积的墙面、部分门窗框和室内柱的勾勒上，还采用了一些黄铜制作的复古灯饰，铜的金属质感和颜色与白色调的空间形成对比，设计考究的灯具用简洁的语言不仅为空间增加了一丝尊贵的气息，还为办公空间赋予了艺术感。为了进一步提升老洋房室内现代与古典相结合的设计感，予舍予筑在家具的选择上，将目光投向了可以轻易营造出充满轻奢气息与时尚感的绒面家具，会客厅的深灰色沙发（图17）、会议室椅子（图16）均有深色系的绒面质感，显得低调却又特别，配合着金属质感的灯具和装饰，使整个共享的会客、会议空间变得高级典雅。

历史的沉稳与新式办公的灵动在同一个空间相遇，说不清这是历史的空间还是现代的空间，它们在其中相互交织、相互融合，让使用者与老洋房的历史在空间中交融，"共享"这一份和谐美好。

五、结语

创邑SPACE丨愚园的老洋房的办公空间改造设计，是一次对历史建筑更新改造与利用的创新尝试。予舍予筑打破了历史建筑原有的居住功能，将历史建筑的室内空间与现代的使用需求相结合，对未来历史建筑的更新保护提供了一个新的思路，具有一定的启示作用。

首先在外立面修复上，对于一些历史建筑的更新保护并不需要完全"修旧如旧"，应该在尊重历史的基础上，通过对城市环境、历史记忆的调研与分析，重塑其建筑形象。在创邑SPACE丨愚园改造项目中，传统材料与现代砌筑工艺相结合，使整个园区再次融入到城市环境之中。

其次，对于空间的改造利用应该立足于新的使用功能，而特定的细节处理则能够唤起人们对于历史的记忆。历史建筑的室内空间，因为空间的使用功能改变以及现代生活的需求不同，需要进行一定的更新和改造；与此同时，对于有历史价值的构件或者细节应该予以保留修复。

最后，历史建筑的细节修复，应该站在实际使用者的角度去设计，重新修复并活化。历史建筑作为城市的记忆不应该成为标本，它们对于城市应该有更大的使用价值，应该与现代人的工作和生活融为一体，继续充满生命力。历史建筑需要保护，同时也需要跟随时代而发展。若历史建筑完全按照原样修复，但与现代的城市空间格格不入，甚至融入不了现代的城市生活，那就像一座孤岛，在历史的长河中被人遗忘。END

图片来源：
图片与图纸均由予舍予筑公司提供。

参考文献：
[1].联合办公——共享与城市更新的探索[J].世界建筑,2018(12):2-3.
[2].周旭民.关于上海中心城区优秀历史建筑重生的思考[J].住宅科技,2011,31(11):40-46.

9-10 楼梯
11 壁炉
12 壁炉的雕刻装饰
13 会客厅
14 办公空间中的双开门
15 罗马式半圆形窗台
16 公共会议室
17 会客厅

景德镇丙丁柴窑
BINGDING WOOD KILN IN JINGDEZHEN

| 摄　　影 | 姚力、董素宏 |
| 资料提供 | 张雷联合建筑事务所 |

地　　点	中江西景德镇
设计单位	张雷联合建筑事务所
施工图合作单位	景德镇陶瓷工业设计研究院
主持建筑师	张雷
设计团队	张学
建筑面积	1800m²
设计时间	2017年
竣工时间	2018年

1	2
	3

1 鸟瞰（© 姚力）

2 建筑全貌（© 姚力）

3 正入口（© 姚力）

浮梁曾经是景德镇管辖地，被称作瓷都之源，高岭古矿遗址也是国际陶瓷文化圣地。丙丁柴窑位于浮梁县前程村，距景德镇市区不到一小时车程，基地四面环山，竹林环绕，有溪水从基地中间流过，环境清幽。

景德镇柴窑因其以马尾松为燃料而得名，是当地流传近两千年烧瓷传统的行业象征。柴窑又称作景德镇窑或镇窑，如同任何历经千年积淀的传统手工艺，正遭遇现代技术和新的烧制方式的冲击。作为传统制瓷工艺，柴窑由于对林木资源的消耗和烧制效果难以把控等特性，发展受到限制。近年来更由于煤、天然气燃料等工业化技术的普遍采用，以及环保要求的冲击，正面临消亡威胁。目前景德镇蛋形柴窑挛窑技术的传承人只有70多岁的余和柱先生，和他带的三四个徒弟。

相对于大规模气窑产品，柴窑烧制成本高火候难把握成品率低，但柴窑烧制的瓷器胎骨细腻油润，釉色温润肥厚，色泽含而不露。据说用永和宣的丰收碗会有喝茶清香，喝酒不醉，喝咖啡醇厚的感觉。像柴窑这些我们还没有真正了解的传统手工技艺，或许将很快湮灭在人类历史长河之中。

"瓷器之成，窑火是魂"。业主黄女士给柴窑取名丙丁，丙火阳盛，似太阳光芒，充满向外放射的能量；丁火阴柔，似月光烛光，内敛昭融，柔而得其中。丙丁之火相合，寓意阴阳相济，灵气共生，万物皆宁。

作为对振兴柴窑传统抱负极大志趣的实践者，丙丁柴窑的业主余先生和黄女士九年前从外地回到家乡景德镇，创立"永和宣"高端瓷器品牌。黄女士出生陶瓷世家，父亲是中国工艺美术大师黄卖九老先生，作为景德镇当代青花的标志性人物，其分水青花和半刀泥名扬海内外。老余2012年开始向83岁的把桩大师余恂铨学习烧窑；2014年又跟随景德镇目前唯一的柴窑挛窑传人余和柱师傅学习挛窑，丙丁柴窑便是他跟随师傅一起完成的满师之作。

能够同时成为挛窑、烧窑大师的传人，并有自己的瓷器工作室和柴窑，这在景德镇独一无二。老余在学习烧窑的过程中开始领悟柴窑的魅力，以丙丁柴窑为新的起点，余先生夫妇直面景德镇柴窑没落的现实，心存融合瓷器行业成型、挛窑、烧窑三个完全独立的制作过程，提升传统手工艺高度的梦想。通过丙丁柴窑实现其重塑景德镇蛋型柴窑尊严和当代代表性的抱负。

丙丁柴窑包括窑房和窑炉两部分，设计以窑炉为核心，布局生产和参观体验二条平行的动线。丙丁柴窑的窑炉有160担容积，长度约为11m，烟囱高度也在11m左右。由余和柱师傅带着徒弟们在2个月内建成。蛋型柴窑复杂双曲面砖拱砌筑全凭经验，其传承依赖师徒关系且一般不传外人，整个挛窑过程中没有任何图纸，目前也没有任何文字资料记载。

手工窑砖砌筑的拱形双曲面窑炉一气呵成，柴窑炉膛可以承受1100°~1300°的高温，通过烟囱调节窑炉各个区域有均匀分布的温度，可以烧出不同效果的瓷器，炉火的力量令人惊叹。柴窑一般能用60次左右，窑砖历经高温会逐渐失去强度，需拆除后重新挛窑，而窑房则可以一直使用。

历史上窑房是普通的生产车间，采用木结构解决屋顶跨度，满足瓷器的生产流程。今天手工柴窑却是接近失传的技艺，负有传承历史的使命。我们希望丙丁柴窑能够成为传统技艺和工匠精神的圣堂，塑

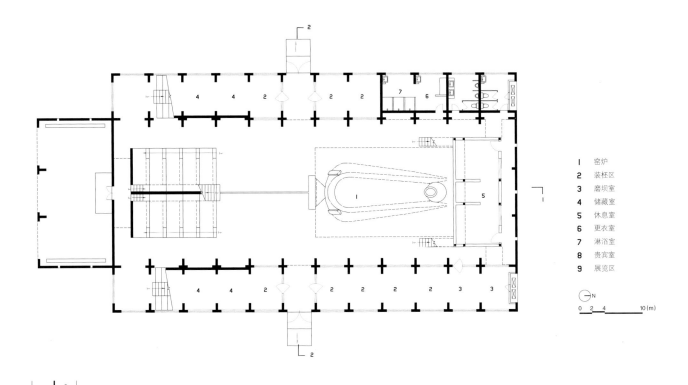

1   窑房采用与窑炉砖拱结构类似的混凝土拱（© 姚力）
2   一层平面

造令人尊敬和自豪的仪式感。

丙丁柴窑空间仪式感的创造以窑炉为核心，窑房采用与窑炉砖拱结构类似的混凝土拱作为空间母题，强化以窑炉为中心的东西轴向对称序列。顶面光带、墙面条窗、地面竖缝均指向窑炉中轴。细长的天光自屋顶中央洒落，随时间在窑炉表面移动。由内及外浮光掠影，炉火星空天人合一。

窑房的功能分区按照生产流程、参观体验二条动线布局。生产动线集中在底层，包括窑炉前平台区及楼梯二侧的台阶，主要在满窑、烧窑及开窑期间使用，可以上釉、装匣、满窑、堆松材、点火、开窑等。底层二侧靠外窗的房间为上釉、装匣、磨把、匣钵和瓷器储藏等日常工作区域。满窑、烧窑和开窑时有 30 多位窑工在现场工作，夜以继日。窑炉背后是他们的临时生活辅助空间，包括卧室和卫生间淋浴盥洗间等，方便工间休息。

整个瓷器烧制过程中会有不少访客前来参与，窑房专门设计了体验动线，陶瓷艺术家、收藏家，爱好者，可以从最好的角度近距离接触全过程参与。参观体验流线主要集中在二层，和生产流线分开。

二层参观流线以窑炉为中心绕建筑一圈，通过拱顶的空间指引，从不同角度体会建筑和窑炉生动的空间关系，突出窑炉充满仪式感的核心地位。动线的最后一段是正对窑炉中轴线的楼梯，访客向上到达休息厅，在中轴线上俯瞰整个丙丁柴窑，窑房与窑炉浑然一体，砖拱与混凝土拱交相辉映。建筑空间为点火和开窑仪式设计了充满仪式感的场所，在这里窑工对自己的工作有了自豪感，参观体验者对传统技艺和工匠精神充满敬畏。

丙丁柴窑清水混凝土的窑房是窑炉的庇护，也是窑炉空间的延伸。老余在考察完混凝土模板厂家以后提出要造一栋独一无二的混凝土建筑，按照他的说法是要" 超过安藤忠雄 "的混凝土建筑。最终这座面积 1800 m² 的清水混凝土建筑没有使用一颗穿墙螺栓，而是在混凝土墙外侧通过钢结构支撑模板。丙丁柴窑的建造前后历时二年，突破常规挑战自我充分体现了老余追求极致的工匠精神。除了清水混凝土之外，丙丁柴窑的主要材质也只有和窑炉一致的窑砖，建筑二层以上拱形窗洞以窑砖镶嵌花格滤光造影，至极至简，永不妥协。

丙丁柴窑选址" 前程村 "，除了得天独厚的自然生态环境，更寓意前程似锦的美好未来。丙丁柴窑从无到有，2019 年4 月初步落成，大水窑 4 月 29 日景德镇解放 70 周年日点火成功。21 路近 2000 多件瓷器 5 月 4 日开窑后完美呈现，更有黄卖九老先生的窑宝青花瓷瓶 C 位惊艳亮相。丙丁柴窑终得圆满，建筑与柴窑形式与内容高度契合。

2018 年 5 月 25 日同济大学李翔宁教授策展的第十六届威尼斯建筑双年展中国馆在威尼斯军械库拉开帷幕。" 我们的乡村 "回到中国文化的发源地，去寻找被遗忘的价值和被忽视的可能性。丙丁柴窑作为六个展览主题之一" 业 "板块的代表性作品，在中国馆主入口正对面，表达我们对传统技艺和工匠精神的敬畏。

在前程这个优美宁静的丘陵山村，老余夫妇和地方政府希望借助柴窑的复兴，带来更多对景德镇陶瓷产业的关心关注，带来乡村技艺传承和经济发展新的契机。在中国文化里，瓷器从来不仅被作为日常生活的必需品，更是感悟生活的重要容器。🔲

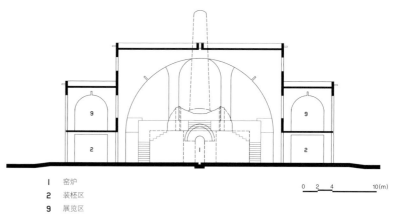

1 窑炉
2 装坯区
9 展览区

0 2 4   10(m)

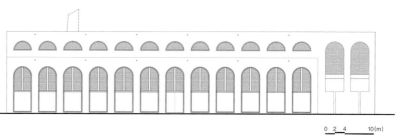

0 2 4   10(m)

1 窑炉（© 董素宏）

2 满窑前的工序（© 董素宏）

3 剖面图

4 西立面

5 窑炉（© 董素宏）

6 窑房内部空间（© 董素宏）

台州当代美术馆
TAIZHOU CONTEMPORARY ART MUSEUM

摄　影	田方方
资料提供	大舍建筑

地　点	浙江台州椒江区沙门粮库文创区
设计团队	柳亦春、陈屹峰、沈雯
结构机电	张准、邵喆、张冲冲
业　主	台州世贸文化创意发展有限公司
建设规模	2454m²
设计时间	2015年5月~2015年9月

```
1 | 2
    3
    4
    5
```

1 看向山景的屋顶展厅

2 美术馆主立面

3 轴测图

4 美术馆前广场

5 东北方向鸟瞰

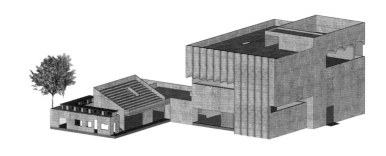

美术馆位于台州具有独特历史底蕴的沙门粮库文创区内，粮库至今还拥有大面积的前苏联风格的厂房和库房，新的开发将通过合理的修缮与保留，重整和更新沙门粮库区。

美术馆是文创区内的核心建筑，它的设计将以特定的方式与区内的工业建筑以及更大范围的场所产生对话。美术馆总建筑面积约 2450m²，共有 8 个展厅，由于展厅的层高较高，通过错层的处理，减缓并延展了参观的路径，同时构成了丰富的立体空间序列。不同标高的展厅在空间上相互渗透，提供参观者循序向上的观展体验。

美术馆试图以现浇混凝土的粗砺与平行筒拱空间的细腻营造崭新美术感的空间氛围，筒拱的结构非常好地结合了展厅的灯光设计，并且在空间上沟通着建筑的内外。在空间序列上，展览空间从面对广场开放的展厅开始，筒拱的方向也指向广场，逐层旋转而上，于顶层面对枫山一侧展厅再次开放，筒拱的方向也转向枫山，形成了结构与风景的对应。美术馆的南立面也被处理成浅凹的波形，仿佛内部顶棚的筒拱在外部的延展，构成了美术馆面对广场的正面性。

美术馆的门厅结合咖啡、艺术衍生品商店等文创空间，通过充分保留粮库的旧锅炉、大树、浴室和锅炉房建筑等历史遗迹，形成独特的入口空间场所，门厅的屋面设计为室外看台的形式，为美术馆广场未来的各种公共活动提供了戏剧性的可能。 END

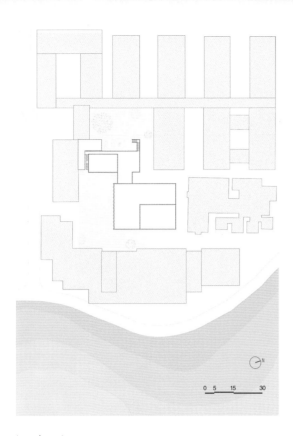

I	多功能展厅	9	前台
2	展厅 02	10	门厅
3	展厅 01	II	咖啡厅
4	仓库	12	前台
5	办公室	13	设备间
6	工具间	14	储物间
7	设备间	15	室外咖啡厅
8	消防控制室	16	室外展厅

0   2   6   12 (m)

I	2	4
3		5

1 总平面

2 一层平面

3 外立面

4 连续的拱顶

5 顶层的拱顶覆盖上下两个展厅

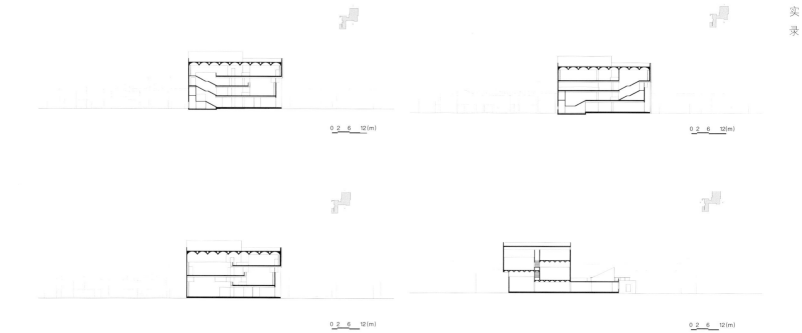

0 2 6 12(m)

0 2 6 12(m)

0 2 6 12(m)

0 2 6 12(m)

1 | 2
  | 3

1　拱与楼梯
2　剖面图
3　广场、前厅与立柱后的展厅

海沛儿童创想乐园
HPKIDSPACE

| 摄　影 | 李瀚祺、李真 |
| 资料提供 | SpActrum |

地　点	武汉市硚口区凯德西城
建筑面积	1200m²
设计单位	SpActrum
主持设计师	潘岩
主管合伙人	李真
合伙人	唐一萌
项目负责人	李影
团　队	劳安然、范瑞雪、陈俊友、许一乐、王亚楠、 陈珺仪、Milos Bojinovic、陈浩、孙楠、常晓丹
灯光设计	张旭
钢结构设计	余福利
施工图深化	孙国梁
阅读区木作	袁秀春团队
标志设计	张瑞琦
儿童涂鸦	潘璟萱
设计时间	2018年4月~2018年8月
竣工时间	2018年9月~2019年5月

1　儿童阅览室与宇宙区之间的环形飘带
2　山区全景
3　轴测图

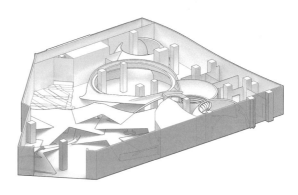

作为一家新概念的儿童游乐园，海沛儿童创想乐园试图超越成年人对于孩子世界的符号化设定和僵化界限，以几何形态直击对孩童最具可玩性的身体与视觉体验，成为孩子心中与宇宙大地共鸣的畅想之所，奔跑仰卧的记忆之地。

在当前的中国，一方面孩子生活的物质条件比"80后"，"90后"小时候有了显著的进步，另一方面城市化的大潮，家长工作的繁忙使得孩子在日常空间中与自然接触的机会大大减少。购物商场里的各种幼教中心、游乐中心由于其高度的可达性和项目的可控性成为孩子生活以及亲子交流的主场地。市场化的深入带来品牌化，于是各种IP和随之而来的具象形象成为儿童生活的主要联想。设计师认为，这种联想是一种资本主义的简单合谋，而非儿童生活的必要需求：一方面是缺乏自然教育带来的物感匮乏，另一方面是卡通形象产生的精神束缚。儿童不应生活在成年人创造的梦幻世界，而是被提供一种场所的自由，在那里，他们复杂的、内生的生理及

心理的需要应该被满足。这个场所同时挑战着他们的感官、身体，在与场地的互动中，他们走向更成熟的年纪，走向更广阔的外部世界。

在与甲方取得充分的理解和共识之后，设计师开始了设计语言的探索：这个时期的工作暂时搁置了功能、造型，而是将眼光落脚在更本质的形式问题上。这种型应该是具有宇源的启发性，应该具有面向无限的感受，应该与身体可以亲密互动。宇宙无垠，即便快如光线，在这种浩瀚的尺度下也有如静止一般。宇宙无比宏大，即便刚猛如核爆，亿万次轰爆也不过表现为几不可见的一个一个圆点。高速、高能量是这里的日常，整个宇宙却仿佛停止运动一般静得让人恐怖。这种静谧是宇宙浩瀚的神秘，是博远到无可名状的无穷。我们想表达的是静止中蕴藏的极速运动，疯狂动态互相牵扯下凝练出的钝感造型。所以我们放弃了任何看似动感、速度的激烈曲面，回归到基本的几何形，最原初的圆形。曲面包围，保护着我们，平面经过多

向度的扭转，堆叠和位移，演化成一系列可以行走的斜面，激励我们去攀爬，征服，为我们保留一种地形带来的地球记忆。

形与形之间的转换，承转启合是另一个设计的重点。除非以编程特别定义转承面的几何逻辑，fillet命令会尽量光滑地以圆弧线组成的面连接相邻的两个表面。随着对于倒圆角半径的设置，半径与此两面之间距离的大小关系，以及两个面自身形态的类别，这种看似简单的交接方式可以带来数种形态的变化以及不同的心理体验。既可以平缓地交接，也可以变得锐利，有时还会显得的拖沓肥软。既可以连缀成广大的连续界面，也可以借此分离和裂解原本稳固完满的基础几何形。这样，简单的造型在一系列操作之下展现出它的复杂和丰盛，有近乎封闭的半圆形包围，也有漂浮，交错的曲面片段。

基本的空间建造被分为了两个部分——球体演化的"宇宙"和斜面的"山"。"宇宙"以GRG包裹，内建正交网格钢架的骨骼系统作为支撑。斜面的"山"以钢

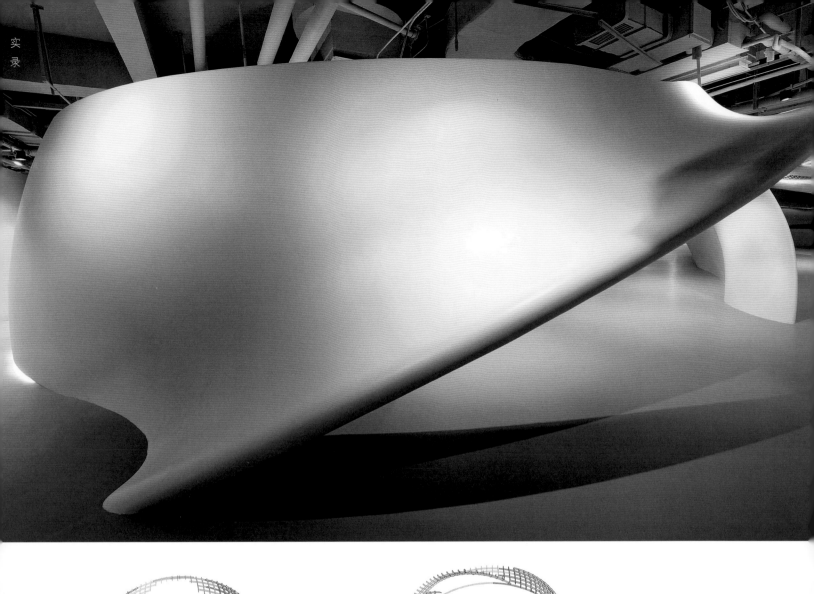

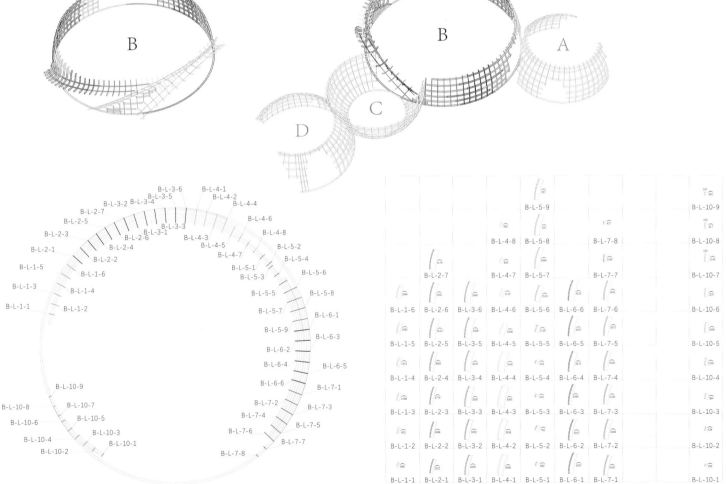

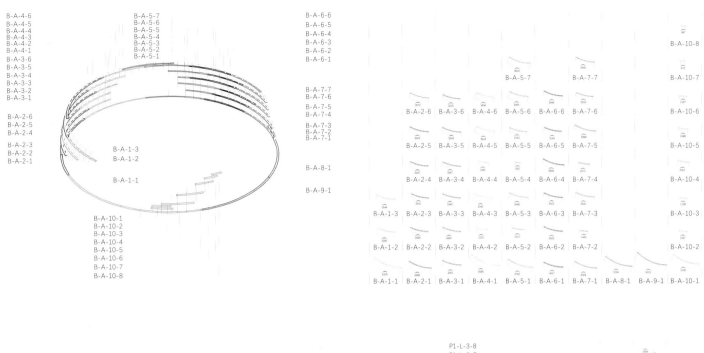

B-A-4-6
B-A-4-5
B-A-4-4
B-A-4-3
B-A-4-2
B-A-4-1
B-A-3-6
B-A-3-5
B-A-3-4
B-A-3-3
B-A-3-2
B-A-3-1

B-A-5-7
B-A-5-6
B-A-5-5
B-A-5-4
B-A-5-3
B-A-5-2
B-A-5-1

B-A-6-6
B-A-6-5
B-A-6-4
B-A-6-3
B-A-6-2
B-A-6-1

B-A-10-8

B-A-2-6
B-A-2-5
B-A-2-4

B-A-2-3
B-A-2-2
B-A-2-1

B-A-1-3
B-A-1-2

B-A-1-1

B-A-7-7
B-A-7-6
B-A-7-5
B-A-7-4
B-A-7-3
B-A-7-2
B-A-7-1

B-A-8-1

B-A-9-1

B-A-10-1
B-A-10-2
B-A-10-3
B-A-10-4
B-A-10-5
B-A-10-6
B-A-10-7
B-A-10-8

1 宇宙区外景

2.5 球 B 整体钢结构经纬线

3 宇宙区整体钢结构经纬线示意图

4 球 B 钢结构经线

6 球 B 环形飘带钢结构

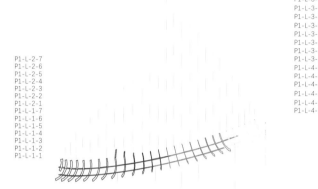

P1-A-1-1 P1-A-1-2 P1-A-2-1 P1-A-2-2 P1-A-3-1 P1-A-3-2 P1-A-4-1 P1-A-4-1

构架进行支撑。设计团队参与了深化曲面内网格支撑体系的设计。采取分片建造的方式，设计了一套榫槽系统完成经纬插接，同时设计了一套复杂的编码系统来标示每一片钢板在整体中的位置。最后的成果是一套钢板激光切割图，切割文件被编辑在两个图层上，切割图层和激光打标图层，编码系统通过低能激光直接蚀刻在相应的分片钢板上，这样可以为现场施工提供巨大的便利。施工的难度来自那些经过倒角操作而显得破碎和分裂的形体，巨大的飘带在空中飞舞，这意味着其外表皮的重量完全由不落地的骨架支撑，必要的吊筋在跨度过于巨大的位置提供了辅助的支撑和稳定度。地面彩色的铺装同样由 3d 电脑化的设计提供精确的数控图纸来保证其实施精度。

在 21 世纪的第二个十年，大多数中国孩子有大量的时间是在购物中心里度过的。消费主义与城市化带来的都市自养地带的退后将孩子与自然隔绝起来，本项目试图给孩子一个重新接入自然的机会。进入大厅，孩子可以在山坡上奔跑，钻进一个又一个深浅不一的洞穴，在其中探寻，有些洞穴彼此相连，孩子可以在这里爬上爬下。通过观察儿童的行为，我们发现孩子的很多乐趣来自一些身体的简单行为，无需多谈意义。让他们尽情奔跑，攀爬，跳上跳下吧！场地的后部是留给更大年龄的孩子，球体切割而成的围合空间根据大小不同，或是成为投影墙，或是以一层一层的木质台阶变身为一个小小的剧场，或者变成倒扣的碗状空间，化身为孩子举办派对的绝佳场所。

卡通化的形象往往带着将事物幼态化萌化的宠溺，轻易地让孩子们沉醉于梦幻迷境。可孩子不会永远只是孩子，他们是成人的萌芽，是未来的缔造者，在肉眼可见的高速成长中孕育着无限可能性。真正的成长需要发展洞察和抽象的能力，真实准确地认知周遭、认识自我。在海沛乐园中，我们将孩子们视为成长中的主体，缩减具象形象的刺激，以隐喻着宇宙律则的几何形态构筑探索天地，用丰富的空间和界面唤起儿童身体律动与接触的本能，让自发的好奇心和探索欲在儿童内心萌生，让童年的动与静回归于儿童自身的节奏和规律，让童年记忆不只是商业强行植入的动漫 IP 画面，还有孩子们主动探索自身的高光时刻，造出一方面向未来、探索成长的开阔之地。 END

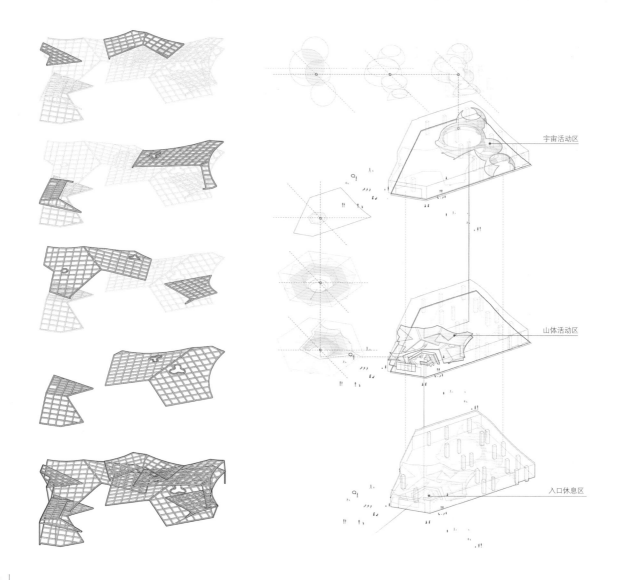

宇宙活动区

山体活动区

入口休息区

| 1 | 2 | 5 |
| 3 | 4 | 6 |

1　山区结构图

2　宇宙区与山区形态发展图示

3　宇宙区形态发展模型

4　黑暗下的山区结构

5.6　环形飘带与阅读区的交接关系

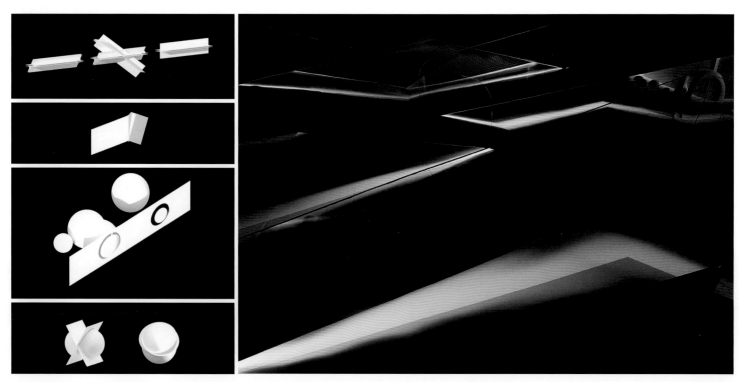

森浦上海展示及培训中心
SUMSCOPE EXPERIENCE CENTER

| 摄　　影 | 胡文杰 |
| 资料提供 | 本真设计 |

地　　点	上海
设计单位	BNJN 本真设计
主设计师	Ben Goh, Jane Chen
建筑面积	1200m²
项目类型	办公+展厅
设计团队	肖遥、腾春梅

森浦（Sumscope）公司创立十年，已然成为科技金融界的明日之星，于是，一个集展示品牌文化、呈现虚拟产品、可供培训接待和大型活动等多重功能的综合性空间，成为森浦服务高端客户的迫切需求。

"科技金融已成为各类金融企业新驱动力，必将建立金融市场的新秩序，是未来产业升级的方向。"这是 BNJN 本真设计创始合伙人 Ben 近几年来为国内外大型金融机构做项目的心得。

围绕着基于未来金融走向的前瞻性判断，BNJN 本真设计摒弃了传统展示培训中心对于公司历史和产品展示的偏重，"产品是科技，科技越发达，越需要有温度的人文主义，展开线下培训服务与互动交流。"Jane 补充道，"我们的设计就要在科技与人文之间把握两者的平衡"。

经由一面大型显示屏望向前方，巨大的玻璃门与"悬浮"于地面的木质弧形围墙为敞亮开阔的培训室勾勒出轮廓。另一侧，由黑色金属打造而成的镂空拱形门洞将访客带入另一个天地，体现了功能与结构的统一，森浦公司十年的发展脉络和品牌文化镶嵌其中，一目了然。

置身于此，金属、混凝土等质朴的建筑材料和温暖的木质，以及清雅自然的休闲家具形成有趣的反差，像一曲充满韵律、刚柔并济的合奏曲，演绎出理性有序，又极富人情味的建筑空间语境。

沿着楼梯的弧线步入二楼，贵宾接待和总经理办公室等功能区间在有限的空间内有序展开。楼下，在展厅后区设计了独立的员工办公区和专属入口，"会议培训"与"办公"的功能随即得以区分，堪称精妙。

由此，森浦展示培训中心的设计在趋势、技术和美学的层面被一一揭开，它将成为森浦公司致力于"打造全球领先的人民币市场金融信息服务平台"的一个鲜明形象，为公司的未来发展激发新生活力。ENJ

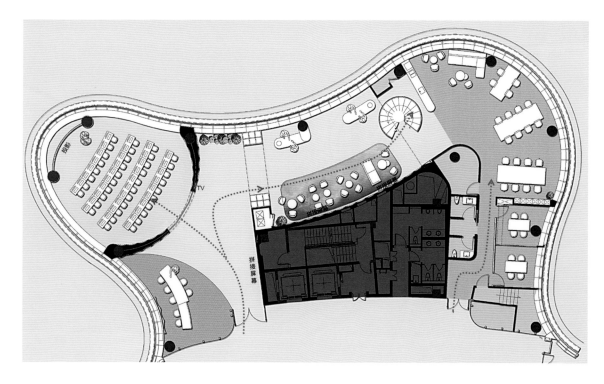

上海中心朵云书院旗舰店
INK AND WASH

摄　　影	CreatAR Images
资料提供	Wutopia Lab
地　　点	秦皇岛北戴河阿那亚园区
设计公司	Wutopia Lab
主持建筑师	闵而尼、俞挺
项目建筑师	俞挺
项目建筑师助理	潘大力
室内设计师助理	孙悟天
设计团队	穆芝霖
施工图	上海维英建筑设计有限公司
施工团队	北京伟宏恒业建设工程有限公司
照明顾问	张晨露、秦澄懿
建筑面积	1000㎡
项目时间	2018年5月

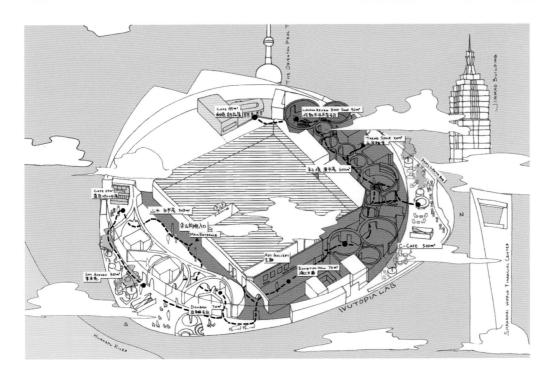

1　藏宝图
2　书店夜间外观
3　黑书房

上海世纪出版集团委托设计的Wutopialab朵云书院，位于中国最高建筑上海中心的第52层，是一处集合了书店、演讲、展览、咖啡、甜品、简餐等不同功能的公共文化场所。239m高处的朵云书院已成为全世界绝对高度最高的商业运营书店，同时也成为上海重要的文化地标。

水墨设色的朵云书院旗舰店共有2200m²，店内藏书约60000册，并经营2000余种文创用品，是我们的设计团队经过三年策划，最终献给上海的一座如梦般的书店。

第一次勘察现场是在一个阳光饱满的午后，和平而静谧。将占据整个52层的朵云书院需围绕着核心筒布置环形空间，流线长而进深浅，再复杂的外部造型，内部空间的单调仍会使人觉得乏味。因此，我用色彩和对偶将书院打造成一个由不同情节组成的系列故事，在书店中行进，便是畅游在书店自己的故事当中。

从52楼的电梯间出来，满眼暗淡的封闭场地激发我的第一直觉便是要有光。兀自走向南花园望见脚下壮观的黄浦江曲折而过，犹如置身山顶。白色的书山便是带来光明和登顶感受的极佳写照。于是，由半透明形如山洞的弧形书架构成的抽象白色书山，层层叠叠在电梯间尽头展开，

开门见山。相互掩映的山洞的尽头是波澜壮阔的天空，将书店经由天空抛掷于整个城市。光洁可鉴的地面在晴朗的日子里能够反射云蒸霞蔚的天空，犹如漂浮在云山雾绕之中，进一步将书店同天空、城市连为一体。

同南侧入口壮观光亮的空间不同，我在北侧用圆形书架围合成一间间黑书房，这里是整个上海中心的秘境，也是书店的静谧之地。黑色的夜将壮阔的白色书山带来的激荡心情沉淀，安静地进入阅读中的世界。一个个圆形空间彼此联系并向外扩张，他们默默地生长，环绕着你，包裹着你，用精神对话，用灵魂沟通。

在黑白之间，我设置了一个灰色空间。墙壁有两层组成，外面一层旋转出来形成重屏的格局，可以做展墙，是一个展览演讲的多用途空间，业主名为海上文薮。当代意义的书店已经不是一个单纯购买知识的场所，它更是一个社交场所，我们在这里演讲、展览、交换彼此的记忆。黑白之间，书山与书境之间，是读书之外的交流与知识交换。

整个环形书院的始端，是白书房里嵌入蒂芙尼蓝的精品咖啡区，像是上海优雅而沉默寡言的男士，高雅地端起香气四溢的咖啡，开启了整条书院的故事。环形书

院的结尾则是甜蜜耀眼的粉色甜品屋，由苦到甜，由刚到柔，由深沉变得欢悦。

上海中心52层有两个边厅可作为花园，给朵云书院使用。花园里巨大的盆栽、喷水池和石墩占据了有限的空间。巨大的搬运工程像是破冰船，地面和墙壁难免受到破损。在地面和主体书架完工后，花园仍留有几个石墩和大树无法搬离。于是在南花园，我设计了两个不锈钢的叶子形的高桌，银光闪闪的叶子嵌在树池和石墩之间，更像是一个因地制宜的艺术装置。桌子犹如波光粼粼的水池，倒映着婆娑树影，又如银色的云，呼应着朵云的主题。坐在银光闪闪的叶子边上，看着桌上模模糊糊倒映的上海，时间似乎有了一个停顿。

然而巨大的喷水池根本无法移动。北花园的喷水池边，我设计了一个环形桌子，喷水池变成了花坛，客人可以坐在这里观赏环球金融中心和整个城市风景。南花园的喷水池则用预制的金属板藏起来，变成一个舞台。舞台的中心位置有个圆形槽，暗示了下面喷水池的形状。舞台靠近外墙的地方是一个半圆形地坑，这是一个人的看云处。安静地坐在半圆形地坑，深情看着脚下平静、日常却又并不是千篇一律的城市。站在舞台上，则体验到一个小小的

高潮，仿佛这是一个向上运动的城市，一切都不接触地面。你不由得会陷入一种骄傲，然后会着迷地想，自己是怎样的存在。

从北花园观赏城市风景时，我的目光从环球金融中心掠过金茂，看到尽头的东方明珠，想起 Sir Noël Peirce Coward 对上海总会（现在的华尔道夫）中曾经是上海最长的吧台，发表过的感慨，他认为如果把脸颊放在吧台上，视线的尽头分明可见地球的曲面。北花园这里的风光，同样适合拥有一个可以把脸颊放在上面，愉快地欣赏上海的行云流水般的吧台。因此长 52m 的吧台诞生了，它是不是最长的吧台并不重要，重要的是它联系了某些被遗忘的历史和生机勃勃的当下。

上海中心被周围华丽的新城所簇拥着，我们为之骄傲，但又在内心深处隐隐觉得不够真实。书院外壮观的风景决定了书院的内部风景，室内空间的塑造同室外呼应：开放的白书房可以一览无遗地俯瞰曲折东去的黄浦江；而迷宫般黑书房的框景则把远处的建筑定格般纳入秘境。要知道无论如何，今日的上海更具魅力，因为只有通过上海不断变化的今日风景，才会唤起我们对她过去的怀念。书院给了我们一个机会去认真思考上海可以是怎样的。

阅读带来的精神愉悦，不论是对资深读户还是在这瞬息万变世界中似乎无依无靠的人们来说，是一种逃离，也是一种修复。朵云书店旗舰店在上海之巅的上海中心 52 层，拥有长 52m 的 C-café 吧台，成为上海的一个书房，也是上海中心这个大都市中垂直城市里的微型城市。她综合了我们的欲望、理想、雄心与喜悦，在最高点观察着上海，审视着上海，逐渐洞悉生活的真相而仍然热爱着生活。她承载着乐观主义精神和某种不屈的英雄主义，成为上海新的精神堡垒。

梦境是充斥着幻想色彩的，造梦的过程却是真切而现实的。上海中心对装修物料都会严格审查，要求墙地顶的材料只能是 A 级防火材料，不许任何不用于装修同时低于防火要求的材料上楼。每天只允许 2kg 的油漆或者香蕉水带上楼用于装修。每晚几次消防巡逻，发现没有上岗证的油漆工就立刻要求停工并把工人带离现场。受限于此，工地常见的阻燃板和细木工板在上海中心是看不到的，施工现场每 50m² 需要安置一个灭火器。建筑师也必须随机应变，以活动书架作为空间的分割，形成室内不同区域。书架高度不能到顶，消火栓和防火门都得保留，就此保证不改变原有的消防分区。建筑师还必须保证设计原貌的前提下，以货梯的尺寸为依据，把书架分成可以搬运的部件，以便在工厂预制后由工人搬上 52 层安装成整体。这不仅是体力活，也是精细活，安装过程中不能出现太多的磕碰和破损，现场不许喷漆，而每次 2kg 的油漆或香蕉水份额又太少。这些都是为了实现梦想必经的现实挑战。300 多张设计图纸，每天 100 位工人 45 天的现场施工，再 15 天将 260t 书架运上 239m 高处，150 人两班倒在 10 天内安装完成。最后由 35 位书店员工在 4 天内把 60000 册书籍和 2000 件文创产品上架，6 天整理完毕，终于将 2200m² 的朵云书院旗舰店呈现在世人面前。在这个实体书店经营艰难的当今社会，朵云书院旗舰店仍坚信着每一本书创造的每一种世界，坚信通过与实体书的接触感知世界的方式。朵云书店的态度同她的高度一样，充斥着人文精神，展现着对未来的信心。

在这个结合了象征山峦云端意向的空间中，由业主和使用者不断赋予不同的精神，居身上海高处，涤荡着每位读者的灵魂。如果说高耸的上海中心是上海的灯塔，那么朵云书院便是这灯塔上的明灯。生之不易，未来可期。■

一间"羊肚子"里的咖啡馆
BLACKSHEEP ESPRESSO

撰　文	夏慕蓉
摄　影	三少、含之
资料提供	samoon

地　点	上海市建国中路169-4号（近瑞金二路）
主创建筑师	夏慕蓉、李智
设计团队	李信良、杨玫、张垚垚
竣工时间	2019年

```
   | 2 3 4
 1 |
   | 5
```

1.3.4 入口

2 插画

5 分析图

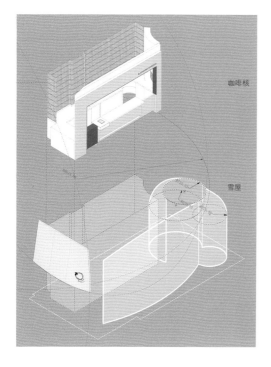

咖啡核

雪屋

黑羊咖啡 (Blacksheep Espresso) 是上海卢湾区口味排名第一的咖啡。某天，老板娘 Kitty 找到慕蓉，希望 Mur Mur Lab 为黑羊做一个改造。

不同于大部分街边商业空间开敞的状态，黑羊带着一种抵抗的姿态面对街道。镜面不锈钢反射城市的日夜的斑斓，而内部的一切都被仔细隐藏。就像黑羊的释义，特立独行，独立自我。

咖啡一直是黑羊的内核，就如建筑学是我们的内核。为了保证生豆的出品质量，黑羊深入非洲农庄获取一手豆源，并以豆子产地的农场名命名豆子。

所以，即便是 30m² 的街边小店，留给咖啡制作的区域也必须很充分。它首先会是一个给咖啡的场所，其次才是人。我们将咖啡部分聚集成为空间的内核 —— 咖啡"盒"。它包括意式浓缩、手冲和虹吸三种咖啡冲泡工艺的操作区域，以及展示和售卖的吧台。咖啡"盒"的内与外，构成了这个 30m² 小店的二分空间。也为未来埋下了一颗小豆子。

空间很小，设计也不想将它变大。顺应这样的感知，我们希望创造一种内向庇护感，令身体和精神自在的放松。

微妙的曲线交错倾斜，轻轻包裹人的身体。它们在流线的端点汇聚成为一个向心穹窿，这里是一个秘密的"雪屋"。光流似水，顺着曲线流淌，它雕刻出空间最美的形态。

在这里，我们创造一处极小又不失亲密的空间。墙壁就像一件衣服。衣服紧紧的贴着你的身体，但你从不会觉得它拥挤。END

BLACKSHE

```
I     3 4
      5
2     6 7
```

I.4 咖啡"盒"内外

2 平面图

3.5 身体的衣服

6.7 微妙的弧线

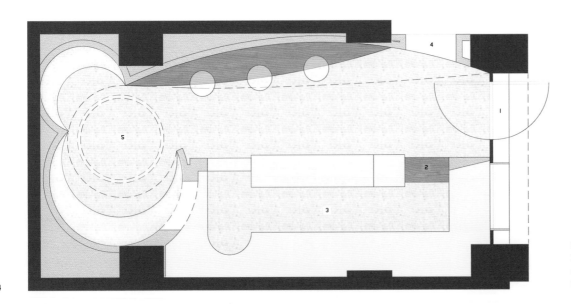

I	入口
2	收银
3	操作区
4	展示架
5	座位区

侠客岛花园岛庭院更新
THE GARDEN ISLAND COUNTYARD RENEWAL

资料提供	門口建筑工作室

地　　点	成都市东风路
设计总负责	蔡克非、王玺
项目建筑师	张晓勤
建筑师	张纯雯、李柔锋、高一宽、曹鑫宇、朱维昆
业　　主	成都侠客岛企业管理有限公司
灯光顾问	Arteluce Lighting Design
施　　工	不二作施工管理有限公司
时　　间	2018年6月~2018年12月

侠客岛花园岛联合办公是基于成都花园饭店进行的改造,在整个花园演变过程中,我们用抽丝剥茧的考古式发掘,探讨花园的前世今生,既不想破坏它演变的痕迹,也想保留它最初的气质 ——"改良"的方法明显优于大拆大建的"革命"。

基于甲方的预算和现场情况,我们决定采用"最低介入"的方式,以"回廊"为基本元素,借用场地原有路径,延续了之前的加建,将大堂改为茶室,重建并延长过去的临时连廊,其起点与终点均是茶室。回廊避开了庭院中所有的水石花树,构建出"疏密得益,曲折尽致,眼前有景"的园林景观。

回廊构造为轻质钢结构,细柱、反梁、地面均用深灰色氟碳漆喷涂,相同的材料消减了物质属性,构建出超越物质感受的巡游路径。回廊避开了庭院中的所有的水石花树,构建出"疏密得益,眼前有景,曲折尽致"的园林景观。因沿线中山石(Rockery)、花木(Planting)的不同,我们将回廊局部变形、放大,形成可停留休憩的节点,使在庭院中的"动观(in-motion viewing)"、"静观(in-position viewing)"成为可能,将一个观赏性的庭院变成一个可以分享、交流甚至恋爱的地方空间。

花园岛庭院是联合办公的公共服务区,是以"当代园林"的形式存在的,设计一个"园林"并非我们的初衷。我们的初衷是构建日常生活与诗意情景的并置,这恰恰与中国古典园林的精神一致,得到一个相似的空间氛围也就顺理成章了。∎

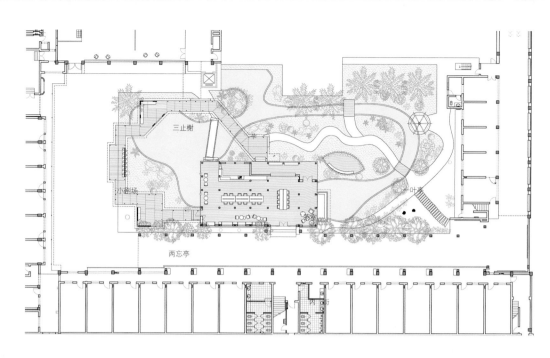

三止榭

小剧场

两忘亭

|1|3|
|2|4 5|

1　平面图
2　三止榭
3-5　小剧场

1　2 | 3

1　内街
2-3　茶室

所在设计研究社工作室
OFFICE OF ATELIER SOOTSAI IN AMOY

摄　　影	罗联璧
资料提供	所在（厦门）建筑设计咨询有限公司

地　　点	福建省厦门市思明区厦禾路建设大厦
建 筑 师	ATELIER SOOTSAI、所在设计研究社
设计单位	所在（厦门）建筑设计咨询有限公司
客　　户	所在设计研究社
主创建筑师	石磊
设计团队	石磊、林婉惜
建造团队	林世强
材　　料	科技板、白色涂料、普通钢板、灯体膜、磨砂亚克力板
建筑造价	人民币6万元
建筑面积	105m²
项目年份	2019年

1　工作室的精神堡垒

2　工作的容器

　　所在设计研究社的工作室位于建设大厦25楼，由原有的住宅空间改造而来。建设大厦20层以下是政府机构的办公用房，20层之上则是被分割成面积40m²~80m²不等的单元住宅。然而，整栋大厦设计之初以应对办公需求为主，住宅功能被弱化。此次设计是将25楼的两个连体单元整合成所在设计研究社的办公空间。

　　连通两个住宅单元空间之后，废除其中一个单元内的卫生间，保留另一个靠近入口的卫生间。整个连体空间被规整为包含一个卫生间的连续开敞空间，而卫生间的介入则使可利用的办公空间呈L型。要将作为一个完整工作室所需的入口门厅、工作室、会议室、模型室、资料管理室、休闲娱乐室等功能空间全部纳入其中，将这个L型空间作为安置这些不同行为的容器，该如何让这些行为具备更为顺畅的流动性与合理性？是以空间的效率作为主导，还是以空间的流动性作为主导？这些是设计师进行室内空间设计之初的思考。

　　问题的思考起点以固有矛盾，即卫生间所在位置开始。卫生间的延长线将L型空间分割为三个平行的条状功能带——与入口延伸开的第一条状空间、与卫生间延伸开的第二条状空间以及靠窗户的第三条状空间。在追求空间品质并结合功能需求分配的基础上，设计师决定将临近外窗采光优越的第三条状空间，作为使用时间最长的工作空间；从入口延伸开的第一条状空间采光最差，则留给对人工照明需求较高的模型室；作为连接第一条状空间和第三条状空间的中间条状空间，则可以设计成为展示所在设计研究社工作成果及荣誉的展示空间。

　　室内整体空间功能划分清楚之后，就是将小块具体功能用房排布进去。将会议室兼私人办公室安排在二三条状空间靠北面窗户的位置，并展开了90°的观景视角，客户和其他会议室使用者可以直接面对笕筜湖横向景观。会议室空间的安置，既符合空间使用者的行为需求，又具有良

好的景观和物理环境需求。使用时间最长，使用人数最多的工作室空间是工作同事们最在意的部分。由于建设大厦周边并无太多高楼遮挡，25楼朝向东面采光充足的办公空间，便有机会营造出具有观景效果同时使人身心愉悦的办公环境。作为办公空间的第三条状空间，其东面采光窗分布在结构柱之间，室内空间也因柱子的存在而产生了一个薄弱的空间界面。为了消解柱子对空间的影响，窗框作为取景器获得了和柱子尺寸一样的进深。增大了进深尺寸的窗框不仅将景观和光线规范进了空间当中，形成了明暗分明的界面，更获得了人在窗框里活动的尺度：躺着休息、坐着发呆看看窗外的景观、靠在窗框上看会书，各种行为都被鼓励在这个空间当中发生，分离的窗框更建立了一定的私密性，让工作室的同事们可以获得短暂的个人空间。材料库、档案管理和书籍管理等资料存储职能同样被布置在靠近窗户的第三条状空间，是办公空间的重要组成部分。材料库

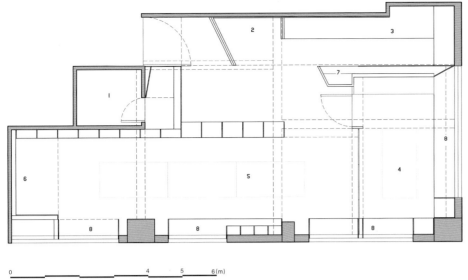

	卫生间
2	健身角
3	模型室
4	会议室
5	工作区
6	音乐角
7	水吧
8	取景器

0   1   2   3   4   5   6(m)

| 1 | 3 4 |
| 2 | 5 6 |

1   平面图

2   工作的容器

3.5.6   景观的容器——取景器

4   卫生间入口

安排在靠近外墙的实墙部分，所在设计研究社精选的材料和在项目中确认的材料均存档于此。书籍、纸质档案以及模型成果的展示则安置在分隔第二三条状空间的书架墙上。透空的隔断架既在视觉上为光线不足的空间引入更多自然光，又在立体空间上形成了空间"透明性"的品质。

　　工作室整体空间内容在设计师的统筹下合理并富有意趣。而象征工作室精神堡垒的LOGO墙则是同样需要着重打造的地方，它对外进行宣传，对内创造集体感从第一条状空间分割出来的入口空间中，安置了一块宽超过1m、高超过2m的普通钢板作为工作室的LOGO墙。LOGO在钢板上用激光直接雕刻出来，形成了整体的感觉，灯箱被隐藏在其背后，吊顶也使用了钢板，侧面则利用镜子，创造出一个虚拟的镜像空间。因为希望打造一个不断展开的空间体验，这道LOGO墙在平面上倾斜，建立了从户外进入工作室的过渡中，一种渐渐打开的空间感受。为了遮挡被废弃的卫生间的管道，所在设计研究社的LOGO元素再次被安置在会议室的外侧，灯被安装在靠近灯膜的位置，形成LOGO原型的模糊图案，作为连接会议室与工作空间之间的顶部灯光。

　　建设大厦25楼的所在设计研究社，在设计师和工作室伙伴的思考与实践中逐步完善了。在这样一个小小的工作室中，或许将容纳更多更新奇的创造。END

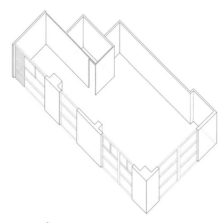

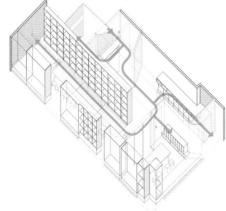

1	3	6
2	4	7
	5	

1.2   模型展架的透空

3   空间特质装修前原状

4.5.7   平行的流动空间

6   工作的容器

善哉善斋
SHAN ZAI SHAN ZHAI

| 撰　　文 | 洪坚 |
| 摄　　影 | 朴言 |

地　　点	宁波
设　　计	范江
项目参与	丁伟哲
设计公司	宁波市高得装饰设计有限公司
材　　料	灰砂岩大理石、中国黑火烧板、仿清水混凝土艺术漆、木皮编织板、木饰面成品板、藤编饰面板、实木复合地板、墙布饰面
建筑面积	2000m²
竣工时间	2018年

I | 2

经济发展，温饱不愁，有钱有闲，讲究仪式与对精神致远的追求在国人中开始普及，任何事皆有渊源与传统，比如佛教的兴盛，比如国人喜爱的焚香、品茶、抚琴、诗书画印、烹饪精细食品等的文人情怀，还有，冥想着看不见道不明的禅，都是为了让人更有诗意地生存，于是，有闲情的安逸场所自然是越来越多。

离佛很近，但不是参佛之所，但就在宁波宝庆寺旁边，是宝庆寺用以对外交流活动的"客厅"，也是连接普通人与寺庙的一个质朴会所，吃精致的素斋、品茶、聚会、举办各类文人雅集等，安放着俗世的温暖与佛家的禅意，它就是善哉善斋。

初见建筑，果真是框架结构，只有框架，无门无窗，建筑呈"回"字型，2000㎡左右，最高处有8m多，全凭设计师发挥。设计师在里面构建了一个内建筑，用铝合金门窗及设计师钟爱的木格栅来分隔空间，木格栅的"隔"显含蓄清雅，只是半透，随着光影的变化而产生朦胧迷离的梦幻感。空间虽大却并不平白挥霍，"空"是主题，如水墨画的留白一般，有分寸、有意境，主题明确后确立层次的张弛与开间大小，通道时而开阔明朗、时而曲径通幽，而不同空间又能自然转换，使用灰砂岩大理石、中国黑火烧板、木皮编织板、木饰面等自然材料，强调空间的通透与半掩，力图无论从哪个角度看，都能发现结构之美，胸有丘壑，方有山水。

走近宝庆寺的西南边，质朴的白墙，出现善哉善斋四个精巧的小字，这是宝庆寺方丈清修师父为这个场所取的名儿，意之妙哉，读之顺哉。格栅门自动至两边开，出现一个水池，水池中的造壁由板岩砌造，中间开圆窗，若满月时，那月亮倒映在水中，圆月对圆窗，可谓圆满。沿着水泥地坪回廊进入大厅，格栅在人字型顶部如翅翼般展开，浅色灰砂岩大理石铺在地坪与墙面，滑润大气，一盏明灯自高顶悬下，点点灯光如佛光。右边是通顶的细格栅书架，融合贯通了整个立面，如藏经阁，可放经书，远看那格栅，似经书。左侧的大理石壁错落地开了些小壁龛，内打灯光，用以放不同的佛像，如许多人心中的佛。底部安排了一间初步接待与收银的雅间，并零售茶、养生品等。大厅有着殿堂之高深开明与人情之温和清香。

踏上台阶，进入围着长方形水池而展开的回廊式的一层，主体是大餐厅，通过绢质的屏风与桌椅的不同组合，形成用餐、

|1| |2|
| |3|

1 二层走廊

2 在此相聚，在此结缘

3 影，还是影

活动、书画笔会等多功能用途，那屏风绘着树影，光透过去，落下深浅不一的影，在这个空间，多处强调了影，在阳光或月光下，影都有着不可捉摸之美妙，难以描绘之格调。天若晴好，打开水池边的折叠门，餐厅宛若在水边，水池中间有个平台，可以演折子戏，天若雨时，让人想起"雨丝风片，烟波画船。锦屏人忒看得这韶光贱！"的唱词，戏乐悠扬，风雅动人。顶部是由藻井图案变幻的造型，贴木编织板，原有方柱外贴浅米色大理石。入夜，看得水池全景，可谓：一池平滑水如镜，无上心境，光华灿灯替皎月，无下烦悦。

善哉善斋共有三层，没有电梯，两边可上，一边是坡道，可以直接从大厅进入楼上，走坡道仿若爬山，设计师安排了若干大块的大隐石自然地置于一片黑色鹅卵石上，玻璃栏杆，木扶手，往上，"山上"更有修竹林立，午后，斑驳的竹影投射在地上，竹林外亦见俗世的车水马龙，往上，往上，另一侧忽现大块玻璃，见得大厅的全景。如果从餐厅直接到楼上是一部钢结构楼梯，还有一部沿用原有楼梯，连接办公、厨房等，区分了员工与宾客的使用功能。

进入二楼的包厢区，包厢区的通道是铺黑色鹅卵石，上有不规则形状的青石板，走廊一边在长条窄窗中看得到白墙绿树梢，走过，如一幅徐徐展开的长卷，另一边是玻璃墙面衬木格栅，人影若隐若现，如浮动的人生片断。设计师根据功能需求设计了大小不一的包厢，包厢铺实木地板，灰色墙布饰面，顶部有的是简化的斗拱，有的是与餐厅一样的木编织藻井，每个包厢都临窗，可俯看水池，通透却有木格栅、竹帘相伴，观得花月之影婉约浮动，又添了几重遐想。空间条件优良，便是坐在小包厢也是宽敞舒适，不显逼仄。包厢间的格局也有疏密在梳理，比如有一个包厢通了一个小庭院，寥寥花树，一条弯曲的青石小径，小径尽头是一个日式茶室。包厢名称由多次获全国书法大奖青年书法家张阳所书，配以设计师寻来的古床构件的小画框与流苏，方成门牌，也是装饰挂件。三楼是禅修室，人字型屋顶下，榻榻米上，是禅修之人难得的静谧之所。

宽敞、高远、温和、柔光、雅致、幽香、淡然、平静……四季流转，似能感受清风微拂中的风和日丽，耳畔琴声滑过，似能回味世道变幻之风云莫测。蓝田日暖玉生烟，这里是，善哉善斋。END

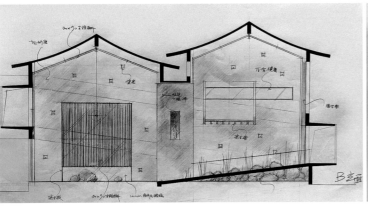 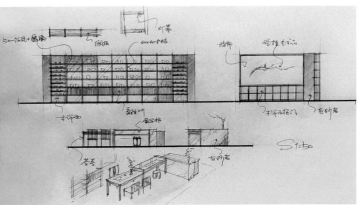

1	2	4	5
3		6	7

1.2 手绘图

3 你，想禅修么？

4 不同材质的对比

5 大厅尽头的楼梯，专门挑选的溪坑石，木格架，墙面是藤编饰面板，随意一角的和谐搭配

6 貌似正襟危坐，其实舒适随意

7 影

1 | 2

1　圆形茶台，形意合一，弹一首古琴，与香炉中的沉香交相呼应，改变着我们的生活方式。慢下来，静下来，听听我们自己心里在想着什么

2　走廊尽头，一具老柜，一尊达摩，诉说着他们的历史……

　　人生是一场独自的修行，谋生亦谋爱。人生的旅途中，大家都在忙着遇见各种人，以为这是在丰富生命，可是有价值的遇见，是在某一瞬间重遇了自己……那一刻你才会懂得，走遍世界，也不过是为了寻找一条走回内心之路。有的路用脚来走，有的路用心测量，走好已选择的路，别走好走之路，才能拥有真正的自己。琢心社，正如一场修行，用自己的内心，慢慢找寻、琢磨、体悟人生之路，走向灵魂的高点……

　　进入序厅，静静地只听见潺潺流水声，一束光带我们来到琢心社的源起。推开门，一股茶香进入心头，铜面吧台、十二季茶、甜点进入我们的眼帘，低调而质朴。

　　原走廊过于狭长，破开窗洞，让光线进入走廊，多了几分情趣和温暖。

　　走廊尽头，一具老柜，一尊达摩，诉说着他们的历史……

　　窗洞里的生命，是大厅和连廊的采光，又是生命的绽放。走入其中，让人豁然开朗。楼梯西侧，使用钢板作为支撑点，简洁的背后体现了技术的难度。过廊门洞，由于低矮，两侧竖立的老柱，上方横放着一个警示标识，呵护着每一个人！进入包厢前，会被门口的门牌和灯的细节打动，轻松惬意。私人包厢内部，配有榆木桌椅和装置吊灯。既充分考虑了业主的投资预算，同时也给消费者带来质朴简约、平和静谧的空间体验。用不同色彩、冷暖来体现男女之间的温度。设计师精心淘回来的石臼作为手盆，在古铜版和墙面的衬托下，形成松紧、粗细的心理反差，舒服舒心。山、石、景的相互映衬，彼此之间，各自拥有着自己的空间，静谧而细腻。

　　大厅是合院的中空，加建屋顶形成8m的层高，宽敞舒适，是琢心社提气的地方。包厢内，喝茶、品香、食素，自然而质朴，是繁华都市里的一片净土……

　　圆形茶台，形意合一，弹一首古琴，与香炉中的沉香交相呼应，改变着我们的生活方式。慢下来，静下来，听听我们自己心里在想着什么……繁华的都市，喧嚣的生活，透支着我们的生命，每个人都在追求美好的生活。然而，繁华过后的宁静与平凡，是我们需要有一个质朴的心，找回自己，寻找自己的生活方式……

　　琢·琢玉成器——经过修磨锻炼，方能成器成才。心·修心养性——通过自我观察，达到完美境界。社·里社众人——从量变到质变，一生二、二生三、三生万物。END

```
I    4 5
2 3  6
```

I   进入序厅，静静地只听见潺潺流水声，一束光带我们来到琢心社的缘起。推开门，一股茶香进入心头。铜面吧台、十二季茶、甜点进入我们的眼帘，低调而质朴

2   一层平面

3   二层平面

4   原走廊过于狭长，破开窗洞，让光线晒入走廊，多了几分情趣和温暖

5   茶室细节图，包厢内，喝茶、品香、食素，自然而质朴，是繁华都市里的一片净土

6   山、石、景的相互映衬，彼此之间，各自拥有着各自的空间，静谧而细腻

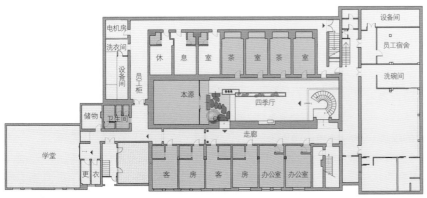

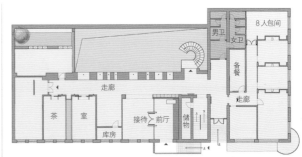

陈卫新

设计师，诗人。现居南京。地域文化关注者。长期从事历史建筑的修缮与设计，主张以低成本的自然更新方式活化城市历史街区。

灯随录（六）

撰　文｜陈卫新

36

去南京博物院开会，某部门赠送了一本故宫出版社新出的书，《北京的城墙和城门》（The Walls and Gates of Peking）——原著是一位瑞典人奥斯瓦尔德·喜仁龙。原版书是 1924 年出版的。应该说，这本书作为北京史研究的精读书目，是非常合适的。此书展现的 127 幅老照片，让人震撼并感动。其中，作者有一段话很让人反思。"事实上，长城本身最充分、最持久地反映了中国人对围墙式建筑根深蒂固的信赖"。现在想来，深宅大院是一种多么令人心动又不安的假设。在中国人的传统里，没有城墙的地方甚至不能是一座"城市"。读老照片，北京城的凸字图形中，一条笔直的中轴线，邃远而真切，如同一条深沉缓慢的河流。

37

南京饭店著名的"国际联欢社"，是一幢很不平凡的楼，1929 年始建，原属"外交部"。听说，原建筑师梁衍先生是

赖特在塔里埃森招收的第一个学生，与赖特交往甚笃，这个房子也因此受到了赖特的影响。1940 年汪精卫、周佛海等在此开会决定成立（伪）国民政府。抗战胜利后，在 1947 年由杨廷宝先生设计改造成"国际联欢社"。大约 1996 年春季，是一个下雨天，在这幢房子的二楼，我正好遇见最后一间弹簧木地板的拆除。记得窗户外面全是落了雨水的梧桐叶，房间里很暗，龙骨下面，什么也没有发现。连灰尘都很少。有多少人在那个木地板上跳过舞呢？光鲜的人与事，总比房子本身倒得快。

38

在朋友圈看到一张图，服装店的衣模竟然也有了肥胖版本。看到衣模身上一件件 T 恤撑满的样子，顿时感受到一种幸福的亲切感。也许，亲切就是这样，它的本质是真实。一种样本化的真实，很容易让人产生近乎标准化的惭愧。会让人在早晨的时光里顿时觉得胖得堂而皇之，就是一种悲喜剧，充满能量。想笑。作家巴

尔扎克因为真实粗鲁而闻名，画家卡拉瓦乔也是，许多创作力强大的艺术家都粗鲁，但也很真实。这种真实一旦在街头巷尾漫延，便会充满浓厚的啤酒花的气息。

39

没有集体记忆的痕迹是一座城市最大的悲哀。鸟归林，人归家，城市需要一种归宿感。一棵大树，一幢房子都有可能成为一种重叠的记忆。正确认识对待历史建筑，意义重大。不让当地人做行政主官，是古来传统。从现在看，倒是应该选当地人做市长。一个城市的行政长官对城市里的街巷没有个人情感，不理解城市居民生活起居的方式，如何能做到精细化管理呢。我一直期待有一任市长会说，哪里都不去了，就在这个城市任职到退休，活到死。这样，他应该会懂得皮肚面哪家好，懂得长干里是怎么回事，懂得北门桥，懂得肚带营在哪里，懂得科巷的萝卜市价，懂得市民卡如何充值，还会懂得清凉山上的清凉寺有句古话，解铃还须系铃人。

清 改琦《红楼梦图咏》黛玉

40

坐在湖水边喝茶，便会想起苏东坡说过的一句话，西湖是杭城的眉眼。真是雅俗共通的好句。水是一样好东西，随岸成形，有什么样的堤岸便有什么样的水线。西湖的风景所以有名，大多数也是因为雅俗浑然一身的缘故。杭州人说雷峰似老衲，保俶似美人。"欲把西湖比西子"，拟人化一向是中国人的拿手好戏。保俶塔在很长一段时间被称为保叔塔，有嫂子保佑小叔子的俗态故事。市井间的事从来都是由俗致雅的多，比如北京，有许多地名雅化得厉害，狗尾巴胡同改称为高宜伯胡同，猪尾巴胡同改为智义伯胡同，各种伯。鸡爪胡同改为吉兆胡同，老母猪斜街改作为杨梅竹斜街。总之，一下子好听了许多。像杭州保俶塔这样主动俗化的，也算奇观。这与老衲对美人，同样道理吧。从古至今，人们都喜欢看成功的爱情以分享欢愉，看不成功的爱情以平抑欲望。销金锅里，老衲看美人，可能是尘缘未了，也可能是看到一座正午阳光下的红粉骷髅。此刻，湖边的人不多，大多数人已经散

了。四下散尽，有点像露天电影散场的感觉。散场的时候，每个人的表情都是不真实的，停留在上一帧画面的阴影里。欲言又无言。可想，解得了风情，看得懂风景，吃得下东坡肘子，都是有点难度的。

41

对于一个人来说，写字，恐怕是天底下最好的业余爱好。省事。回到家，餐桌上铺了小毛毡即可过瘾。也不知是什么原因，我们家有以毛笔写字的传统。我祖父写一手好欧体，可惜他1952年就去世了。这是一种遗憾。好在他留下了一些书与手迹，可以"见字如面"。父亲擅隶书，喜好乙瑛碑一路。我早先写过张迁碑，写过赵孟頫，后来写过米字。格局都不大，如同过小日子。过去讲一个人"小日子过得不错"，其实言下之意是这个人过得很真实。还有什么能比过上真实的日子更重要吗？写字讲究有人情味，如同平常生活才有意思。抄抄佛经，也抄抄菜谱。除了写字，其他的，如晒太阳、逛街、发呆、做点菜自己吃，也是好的。这些都是可以

随时开始，随时结束的事，自嗨的事情。

42

"心胸是一件事，博识是一件事，多情又是另一件事"。这话讲得真是通透。写短的文章，黄裳算得上高手。汪曾祺也是。世事洞明多笑意。对于人的复杂性，我们最好别去思考，就像有人讲的，一认真就输了。很多时候，当结果显现在眼前的时候，多谈人的复杂性是毫无意义的。要么利益高于了一切，要么一切都输给了短见。什么都可以拉风，什么也都可以沉静。但只是时间中的误会而已。

44

玉玲珑者，花石纲之遗石也。今天的杭城玉玲珑餐厅得名于太湖石，又似乎超越了太湖石。玉玲珑于室内造园，一时名盛，坊间业内皆为人称道，这些都得自"天时"与"人和"。

天时者，人和之基。当下，人心向古，回归意识强烈。喧嚣闹市中，东方美学的源泉在哪里寻呢，园林恐怕是最有代表性

清 改琦《红楼梦图咏》宝钗

的。宋徽宗造艮岳，理水掇山，宣和四年成之，所谓"括天下之美，藏古今之胜"，冈连阜属，东西相望，南北相续，左山右水，前溪后垄，连绵而弥满，叠山而怀谷。艮岳算得上是艺术空间的一次完整性的呈现。可惜后世不存，只留下了一些遗石，让后人怀想并亲近。玉玲珑定名的初心，就来源于这种人与自然关系的延续，更是中国人谐世生活的态度。

再说人和，人和是天时之表、地利之补。园林之妙，重在以文造之。造园的技巧，在乎其意境的营造，一味的复制或者抽取一些传统符号作为室内设计的理念，都不是设计师陈林所想表达的，他想实现的是现代建筑设计背景下的传统审美实践。日本书者良宽，不喜书家之字、厨师之菜、诗人之诗，以为其中惟有技巧而少自性，具其表而乏真味，一本正经而少自然之品质。今天想来，实在是极有道理的。陈林先生此作，立意与协调能力皆超越了室内设计本身。设计以文立意，以空间转换为手段，以光影造景，以书画合境，空间动

线入口与出口首尾相顾，形成一条完美的环线。选自不同书画名家的创作，以及西方名家的现代家俱，在每一处空间里一一对应，毫无违合。每个空间属意也有了不同的主人意，所谓人之常情与这种常情的萃取便成了室内设计的内核。

沪上豫园的赏石"玉玲珑"，石高4m，宽近3m，灵巧润秀，具七十二孔穴，若置一炉香于石底，便会孔孔出烟，如同云岫。今天的玉玲珑餐厅可同石意，设计师以空间为石，时间为索，用现代建筑的手法重新组织空间，通过片墙的重叠、断续、退让，让客人行在其间，如随小径透迤穿行。一侧溪流叠动，百鸟间鸣，又似乎行走在山阴道上。所见房间也各有不同，房间对外的墙体都有落地大窗，更有院落穿插其间，茂林修竹、山石绿苔点排得当。十余间房，对应了东坡先生的人间十六乐事。入口登临，有此岸彼岸之感，如清溪浅水行舟，微雨竹窗夜话，廊道石阶细致处刻有蝉虫蜻蜓，如暑至临溪濯足，柳阴堤畔闲行。包间有雨后登楼、花坞樽前、

隔江闻钟、月下吹箫、晨兴茗香、午倦藤枕、飞禽自语、汲泉烹茶、抚琴知音，还有开瓮勿逢陶谢、主人房接客不着衣冠。在动线的末端，也是餐厅沿街入口的位置，设有一个散座厅，对应十六乐事中的"乞得名花盛开"，花彩满顶，如同天降。由玉玲珑入口至包间区、散座区立意与空间无不对应，这样的布局结构可同园林之妙。

东坡先生说，西湖是杭城的眉眼。西湖边的玉玲珑是耐人寻味的，在喧嚣之中"退藏于密"。华夏的精神质地是诗性的信仰，而将这个信仰变为社会生活的恰恰是在宋代。在玉玲珑餐厅的室内设计中，有关宋代审美推崇的那种深远闲淡谐世精神，无处不在，充满了设计师饱含深意的"无意"之中的设计。我只能说，身在此间，便如同宋代《西园雅集》的一次再现，"人间清旷之乐，不过于此"。

45

重读《红楼梦》第四十回，读到贾母大观园宴客，园中的几处房子因为主人身

民国南京国际联欢社刻石

份不同而显得各有趣味。一处是潇湘馆，黛玉的潇湘馆里的窗纱旧了，"不翠了"，贾母要给她换成软烟罗，并说软烟罗有四色，一样雨过天晴（青），一样秋香色，一样松绿，一样银红。都是好颜色，可惜，库房里只有银红的了，如果是选用雨过天青就最合适不过了。雨过天青是什么样的呢？竹影隐映，书架满墙，这样的透光有影的窗在雨后打开，能看到远处的天空青色。这样的颜色也许会更合黛玉心思。黛玉脱俗，懂得冷落清新之美。所以在荇叶渚时，宝玉说那些破荷叶可恨，想叫人拔去时，黛玉说"我最不喜欢李义山的诗，只喜他这一句，留得残荷听雨声。""最不喜欢，只喜欢"，这是独孤求败式的一种语式，比之宝玉更高明，审美情趣高下立分。此外，潇湘馆的竹子不是围种的，应该是在西侧的深种，客人由院门走小径而入，更显静远。再一处是秋爽斋，探春的房间，三开间，竟然没有隔断，显得格外阔朗，中间是一张花梨木嵌大理石面的案子，案上各种法帖砚台笔筒，好像一个书

房画室。想来除了惜春，探春于书画也颇多爱好。应该说中国文化的传播史其实也是图像传播史，从图像学角度来看，作者也可能是"不由自主"地顺着这张大案子往下写了，所以西墙挂了米家山水，又挂颜鲁公墨书，联曰"烟霞闲骨格，泉石野生涯"。紫檀架上，还有一大观窑的盘子，置了数十个金黄的佛手。佛手同"佛寿"，明清两代文人皆爱以此为清供。后院种了一棵梧桐，想来桐荫之下，应有琴室一间，额书桐荫山房才是，书里没有提及，我只能作此假想。这些都是文人的"标准"作派。有此推断还因为文中有贾母隔着纱窗深深的一瞥，"这后廊檐下的梧桐也好了，就只细些"。"树小墙新画不古"，树密或树小终究是大忌，是造园的失误。空间设计的实质是贴近人的行为方式，就秋爽斋的空间陈设来说，这里更像是一位中年男性的书房，那张绣了虫蝶的花帐拔步床显得有点不合时宜。再一处是蘅芜苑。如果说黛玉的审美更多的来自文学的滋养，探春的审美重复的是视觉习惯与标准图像，

宝钗的审美则另有一番味道。一群人由花溆的萝港上岸，去蘅芜苑，是顺着云步石梯上去的，可见宝钗的房子是设在一处高地上的。黛玉的潇湘馆入口"两边翠竹夹路，土地下苍苔布满"，取意清幽。宝钗的蘅芜苑则隐在园林的主山之内，玲珑湖石环抱，前路后蹬，靠水而成，又绿萝藤挂，"雪洞一般"。是另一种脱俗之法，用现在的风格来说，是真正的简约风。如果说黛玉的房子里是无意地有中求无，探春的房子是有意地有中求全，宝钗的便是刻意地无中求有。潇湘馆与蘅芜苑的空间环境都采用了极少的物料来表达建筑与人物的关系。潇湘馆的竹，蘅芜苑的石。竹子的自然、清高，叠石的工巧、玲珑。房子主人心性亦同此意。在书中，贾母觉得蘅芜苑过于空白，便送了蘅芜苑三样东西。墨烟冻石鼎，我倒是没觉得很牛，可以说那是清人一味复古的习气，没有好的质感与来自青铜边缘的锐度。相较来说，桌纱屏与石头盆景更好，算是一套完整桌上陈设，搭配妥当，且有与室外湖石对应之意。很赞。END

Montara650 系列
为办公空间带来午后咖啡厅的休闲格调

对于舒适休闲的生活方式，人们会联想到午后的咖啡馆。在休闲惬意的氛围中，人们感受到简单舒适的生活方式。Steelcase 旗下品牌 Coalesse 的 Montara650 系列产品，为办公空间带来简约、休闲风格，为人们提供舒适、自在的办公体验。

Montara650 系列由 Coalesse 设计团队与西班牙 Lievore Altherr Molina 合作打造，为空间带来简约工艺设计和舒适体验。Steelcase 希望为人们带来具有生活感的办公空间，现代技术的进步让人们拥有自由改变工作地点的机会，人们也越来越倾向于在更吸引人、更轻松的空间里与同事交流。

Steelcase 为非正式空间注入休闲的咖啡厅的特色。Montara650 系列舒适的木质座椅搭配简单的台式桌子，诠释简约、社交、雅致的设计，为办公空间增添了咖啡厅式休闲感；可定制、个性化的配置，为工作中的非正式会议提供轻松的氛围，帮助人们进行舒适而高效的协作沟通。

Montara650 系列桌子具有高适应性和可定制化特点。

坚固、雅致的 Montara650 Table 配置有多种高度和形状，包括方形、圆形等多元化桌面；涂漆圆形和方形基座，便于搭配不同的空间风格；同时，可以配置 PowerPod 帮助外接多媒体设备。

Montara650 Table 提供了多种色彩选择，让人们根据办公空间的特点属性，搭配不同的颜色，营造舒适、自在的办公氛围。

Montara650 系列座椅提供定制化、多样化设计，让人们可根据喜好定制不同座椅形态；秉持可持续设计原则，注重环保。

Montara650 Seating 拥有丰富的外观形式、通过橡木设计，让该系列产品保持简洁优雅的风格及木材的温暖感。座椅配置不同的坐垫及框架形式，在带来温暖、舒适的使用感的同时满足人们对于办公空间设计美学的追求。

Steelcase 认为，最佳办公家具解决方案是确保它们是最环保的产品。Montara650

系列座椅在设计、制造时采用可再生环保材料；其设计易于长期使用，通过深思熟虑的设计，该系列座椅成为多种临时会议的解决方案，使得产品最大限度地循环利用。END

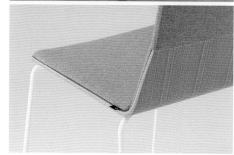

白玉兰红星美凯龙旗舰店盛大开幕

2020 年 5 月 5 日，白玉兰橱柜红星美凯龙真北店盛大开幕，以全新高端橱柜演绎当代中国人的品质生活方式。白玉兰橱柜红星美凯龙位于上海红星美凯龙真北南馆二楼 B8180。历经 36 年匠心传承，BAIYULAN 白玉兰品牌正以一个更加全面的品牌身份，为中国高端橱柜市场的各类客户提供更加全面的产品和服务，并期待与更多志同道合的合作伙伴携手打造属于中国人自己的当代厨房。

白玉兰一直秉承"去繁复，再设计"理念，在全新旗舰展厅中将中国当代厨房呈现到极致。在展厅的空间设计部分，白玉兰特邀知名设计公司 Maxk 摩克设计参与其中。当白玉兰橱柜的国际品质和 Maxk 摩克设计的国际视野相遇，艺术与质感无不从展厅的空间到设计细节中凸显。白玉兰全新旗舰展厅让每一位懂得热爱和享受生活的当代人都能在此发现自己对生活的理想被投射在厨房里的模样。

好好住发布年度报告

好好住一直见证着千万户中国人家的诞生与成长，我们发现中国人的居住每年都在发生有趣的变化。2019 年 11 月 29 日，好好住 APP、好好住家居研究院联合发布《2019 中国城市家庭居住报告》，宣布家装家居用户消费升级的四大趋势。该报告已连续发布两年。

基于对家居领域的持续观察与好好住 APP 平台大数据分析，好好住家居研究院定期推出行业报告，描绘中国家庭真实的居住面貌，将每年最流行的家装趋势、最有商机的消费模式公布给全中国的屋主、设计师与品牌。这份新鲜发布的《2019 中国城市家庭居住报告》结集了家居研究院这一年的研究成果。该报告被访问样本覆盖了全国 32 个省市自治区和香港澳门特别行政区，遍布中国 240 个城市。

"好好住家居研究院"，这个据称全中国最懂"居住"的组织诞生于"好好住"。它通过研究好好住 App 的平台大数据与数千万户中国家庭的真实案例，描绘中国人居住趋势变迁，定期推出行业报告，把每年最流行的居住趋势、最有商机的消费模式公布给全中国的屋主、设计师与品牌。

松赞滇藏文化周在沪举行

2019 年 7 月 12 日，"发现无止境——滇藏文化周"在上海誌屋 ZiWU 拉开帷幕。为期 10 天的文化周里，将有主题讲座、艺术展、音乐剧场、手工坊等一系列活动举行，在炎炎夏日中带领观众全方位体验滇藏多元的人文景观，打开藏地隐秘之门。

"发现无止境——滇藏文化周"由"发现·无止境项目回顾展"、"发现·滇藏艺术展"、"发现·秘境影像艺术展"、"发现·滇藏音乐剧场"、"发现·滇藏手工坊"、"发现·滇藏美食"、"发现·经典 Defender 专区"七大板块组成。活动囊括滇藏线沿途的经典绘画、影像艺术、工艺美术、音乐剧场、书籍、美食等，让观众从"视、听、闻、味"四种感官维度，体验滇藏秘境，发现多元的人文景观。

作为著名的"茶马古道"三大主线之一，滇藏线不仅历史悠久、风景瑰丽，更是一条民族文化的长廊。一幅描绘这条商路的 10m 长卷唐卡是本次文化周中最大的亮点之一。一级唐卡画师米玛次仁与赤增绕旦，以滇藏线为主轴，用传统唐卡技法描绘了这条世界通行里程最长的古老商路。在为期 10 天的展览中，来自西藏的唐卡画师还将于现场呈现精妙的西藏传统唐卡绘制过程。

在"发现·秘境影像艺术展"板块中，观众可随着艺术家白玛多吉以及为美国《国家地理》杂志摄影 30 多年的资深摄影师麦克·山下的镜头，一睹巍峨壮丽的雪山、缥缈深邃的湖泊、奇美险峻的峡谷等神圣动人的瞬间。除了摄影作品以外，白玛多吉创作的纪录片以独特的视角挖掘滇藏线风景的本质与魅力。除摄影作品以外，"凝视西藏"影像单元将呈现白玛多吉创作的纪录片片段。作品突破一事一物的局限，以独特的视角挖掘滇藏线风景的本质与魅力，让观众走近滇藏秘境，发现其宏伟的自然状貌和细腻的精神生活，觉知一生一见的远方奥秘。

文化周还举行了多场滇藏主题的分享会。松赞创始人白玛多吉、松赞 CEO 知诗七林将分别以滇藏文化之旅、新滇藏线·松赞 19 年为主题，向观众讲述滇藏的秘境、人文，以及松赞一路走来的故事；而松赞集团副总曹蕴，则将从身心灵健康的角度出发，与大家分享心灵健身的智慧与方法。此外，美国《国家地理》金牌摄影师麦克·山下也将在讲座里重温自己多年前寻访香格里拉、探索失落的茶马古道的旅行与感想。

震旦 SPACE+
以人为中心的办公体验

2019 年 9 月 11 日，AURORA 震旦集团"震旦办公生活旗舰展厅"在中国上海盛大开幕。震旦集团联合多位知名设计师，提供了人性高效的办公环境解决方案，该办公生活展厅坚持可持续发展理念，旨在创造高性能和健康舒适的工作环境。活动现场，震旦集团家具产业创新中心总经理高曰菖先生，后设联合设计事务所、"IDK 设计研究所"株式会社社长、日本工业设计师喜多俊之先生及雅各布延森设计首席运营官 Manuel Veiga Aldemira 共同出席开幕式。

震旦集团多年来针对工作模式的分析与深刻理解，提出了 5P 办公新理念，总结出专注、协作、社交、学习、放松五类办公模式，为此提出以人为中心的办公场景解决方案，以满足企业对于效能、灵活性、创造力的需求。通过多元化设计实现人们对于健康、愉悦办公空间的向往，帮助人们高效地完成工作、在工作空间内学习成长、提升工作中的幸福感。

本次震旦办公生活旗舰展厅设计主打极简、利落的现代艺术风格，兼顾展示与实用性，结合不同工作模式特点，提供多样化的系列组合，配置出充满无限能量和可能的实用型办公空间，让人们在舒适、充满艺术感的空间内高效灵活地工作，实现艺术与实用相互平衡的新当代办公空间。

文定生活开启 5G 智慧园区

上海知名文创地标——文定生活文化创意产业园作为上海首家 5G 文创智慧园区，在沪召开了文定生活开启 5G 智慧园区新闻发布会暨战略合作签约仪式，这标志着文定生活率先领跑"智享设计，文创未来"的 5G 时代，未来将与移动公司、华为公司三方强强联手，共同将文定生活打造成上海文创智慧园区的新地标。据上海杰汇置业集团副总裁、文定生活总经理肖浩升介绍："文定生活将携手中国移动、华为公司，在产品展示及导购、室内设计应用、园区管理及办公等众多领域进行更多的创新实践，通过运用大数据、人工智能等先进技术手段，合力将文定生活打造为上海首家 5G 智慧文创园区，成为国内领先的家居文化创意新地标。"

中国建筑学会
The Architectural Society of China
室内设计分会 IID-ASC
Institute of Interior Design

2020年第十届
"设计再造"
绿色生活艺术创意展

观察力、创造力、想象力，
是引领未来的力量，
正是因为这些力量，
让我们重新认识世界，
改变生活。什么能变废为宝？
什么能让我们更节约资源？
发挥你的创意，
带着你的设计，
即刻加入"设计再造"，
改变你我他！

主办单位
中国建筑学会室内设计分会

联系电话
010- 68458358　68715654
138 1133 3259 崔林
156 1107 9014 王帅

地址：北京市海淀区西三环北路5号
邮箱：iidasc@163.com
网址：www.iid- asc.cn

2020
DESIGN
RECONSTRUCTION
GREEN LIFE
ART CREATIVE
EXHIBITION

RE-DESIGN
"设计再造"创意展

扫描二维码了解更多

Healthy Life
Design Exhibition
为健康生活而设计

20
20

2020 "为健康生活而设计"
网络公益展览室内设计作品
征集公告

指导单位：中国建筑学会
发起单位：中国建筑学会室内设计分会
　　　　　新浪家居　美国《室内设计》中文版

作品征集时间
成人组：3月中旬—6月8日
学生组：3月中旬—6月30日

网络展览时间分阶段进行线上展览，
可关注室内设计分会官方微信公众号

电话：010-68715654　68458358
邮箱：iid_asc@163.com
　　　416279045@qq.com
网址：www.iid-asc.cn

参展程序
1.参展者填写报名表并按照作品类型及要求将参展作品文件
　发送至指定邮箱；
2.由专业人士对符合要求的参展作品进行遴选；
3.最终入展的作品将通过总会、分会和相关媒体的
　线上平台进行网络展览、线下展览预计
　10月底在北京新国展的建筑设计博览会；
　11月上旬在上海同济举办的亚洲建筑师大会同期展；
　11月初在武汉举办中日韩大会同期展览。

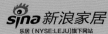

扫描二维码登录www.iid-asc.cn
官方网站了解更多活动详情

中国室内设计艺术 千年回眸

时序迭进 长风浩荡 穿越千年 气度从容

主 编：张绮曼
总顾问：靳尚谊 常沙娜
总监制：咸大庆 张绮莎
总策划：沈元勤 张绮曼 张绮莎

我国第一部以中国历代室内设计的风格样式特征为主线，全面系统地展现中国优秀室内设计的新型音像制品，2018年12月公开出版发行。

内容介绍

室内设计，建筑的灵魂，时代的印记，文化的传承

93 集大型音像制品《中国室内设计艺术 千年回眸》，秉承"扬中华优秀传统文化，展千年室内设计艺术"的初心

由国内室内设计领域著名教授组成的专家团队，在多年研究成果基础上，将室内设计艺术贯穿于影像的叙述中，用大量的史料和典型案例，以中国历代建筑室内设计风格为主线，展现室内设计发展脉络

本片运用电视语言形象生动地描述了中国人几千年来的生态状况、生活方式、居住理念和室内空间艺术特征的发展变化

包括原始社会夏商周、春秋战国、秦汉、魏晋南北朝、隋唐五代、宋代、元代、明代、清代、民国时期和传统居室陈设艺术专题、室内设计艺术专题 12 个部分

内容系统丰富，专业权威，旨在为我国从事环境艺术设计、室内设计工作者提供重要的学习和设计参考，也为非专业人士提供了解中国传统居住文化艺术，提高艺术修养的观赏资料

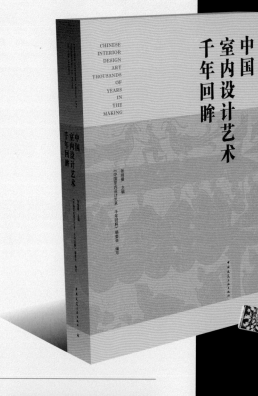

CHINESE INTERIOR DESIGN ART THOUSANDS OF YEARS IN THE MAKING

内容截图

定价：1680元

经 销 单 位：各地新华书店、建筑书店
网 络 销 售：本社网址 http://www.cabp.com.cn
中国建筑出版在线 http://www.cabplink.com
中国建筑书店 http://www.china-building.com.cn
本社淘宝天猫商城 http://zgjzgycbs.tmall.com
博库书城 http://www.bookuu.com

销售咨询电话：010-58337157（营销中心）
010-68866924（市场部）

室内设计师二维码

中国建筑工业出版社官微二维码

建工社微课程

出品：中国建筑工业出版社 CHINA ARCHITECTURE & BUILDING PRESS
上海烨城文化传播有限公司 Shanghai Yecheng Media Ltd.

摄制： 上海烨城文化传播有限公司 Shanghai Yecheng Media Ltd.

灵感 过程
方法 结果

微信号：
Interior_Designers

微店名：室内设计师

淘宝店：建知书局
（请使用淘宝APP扫码）

室内设计师
INTERIOR DESIGNER

邮局汇款

收款单位：上海建苑建筑图书发行有限公司
地　　址：上海市制造局路130号1105室
邮　　编：200023

银行汇款

开 户 名：上海建苑建筑图书发行有限公司
开 户 行：中国民生银行上海丽园支行
帐　　号：0226 0142 1000 0599

联系方式

电话|传真：021-5307 4678
联 系 人：徐皜

·隐居大理（陈乙 摄）

经销单位：各地新华书店、建筑书店

网络销售：本社网址 http://www.cabp.com.cn
中国建筑出版在线 http://www.cabplink.com
中国建筑书店 http://www.china-building.com.cn
本社淘宝天猫商城 http://zgjzgycbs.tmall.com
博库书城 http://www.bookuu.com

图书销售分类：室内设计·装饰装修（D10）

ISBN 978-7-112-24996-1

9 787112 249961 >

（35293）定价：60.00元